图解
催眠术

徐端 著

江西人民出版社

图书在版编目（CIP）数据

图解催眠术/徐端著.
—南昌：江西人民出版社，2012.6
ISBN 978－7－210－05448－1

Ⅰ.①图… Ⅱ.①徐… Ⅲ.①催眠术—图解
Ⅳ.①B841.4－64

中国版本图书馆 CIP 数据核字（2012）第 110736 号

图解催眠术

徐端/著

责任编辑/王华　贾飞宙
出版发行/江西人民出版社
印刷/北京嘉业印刷厂
版次/2012 年 8 月第 1 版
2012 年 8 月第 1 次印刷
规格/710 毫米×1000 毫米　1/16　15.125 印张
字数/150 千字
书号/ISBN 978－7－210－05448－1
定价/32.80 元

赣版权登字—01—2012—279
版权所有　侵权必究

如有印装质量问题，请寄回印厂调换

学催眠术，看这本就够了

  一说到催眠，很多人脑海中就会浮现出这样的画面：一个人在催眠师几句话的影响下，很快便昏睡了过去，像傀儡一样任催眠师摆布。在催眠师的引导下，他们的身体会变得跟钢板一样坚硬或跟煮熟的面条一样柔软，做出一些理智状态不会做的举动，甚至说出埋藏在心底从未泄露的秘密……这画面，想想确实让人感到害怕！然而，事实却并非如此。催眠确实非常神奇，但却一点都不神秘，更不可怕。它和其他很多学科一样，有着漫长而不为人知的过去，有着精彩而不断发展的现在，同时有着严谨而周密的理论，还有着人们广泛存在的误解。

  可以说，催眠本身只是一种古老而又年轻的心理治疗方法。说它古老是因为从古希腊、古罗马及中国古代开始，催眠就已经有了实际应用。后来，麦斯麦发明了"动物磁流"疗法来治疗精神疾病，再后来，催眠大师艾瑞克森又对催眠操作方法进行了改进，催眠便成为了催眠师进行身心治疗的工具，同时也成为一门沟通的艺术。说它年轻是因为它命运坎坷，一直被误解和歪曲，被人们忽视甚至恐惧，直到20世纪50年代，催眠才在科学界得到了应有的尊重与广泛的承认。

  我们常常把催眠想得非常神秘，却不知道在我们的日常生活中，催眠体验随时都会发生。当我们非常投入地看着电影电视时，当我们在即将上台表演前深吸一口气调整紧张情绪时，当我们在春运前的售票窗口排队沉浸于回到家后见到亲朋好友的幸福想象中时，当我们在无聊的政治课堂上听着老师单调乏味的声音昏昏欲睡时……这些都是日常生活中最简单的催眠体验。

  当然，催眠远远不是这么简单的事情，它在心理治疗、潜能开发、临床医疗等方面有着其他方法无法替代的作用。利用催眠，人们可以释放内心深处的压抑，治疗严重的心理疾病，忘记手术中的痛苦，模拟体验未来的成功，激发个人的潜能，掌控自己的生活。

  催眠就是这么一件神奇的事物，通过本书的学习，你将会发现一个全新的世界，一个神奇的催眠世界，这里蕴藏了催眠的所有秘密。

  本书将会告诉你很多在催眠中确实存在的真正的神奇之处，也将告诉你人们对催眠有着怎样根深蒂固的误解。例如：被催眠后是不是完全受到催眠师的控制？催眠是不是真的能让人看到前世？动物催眠到底是怎么回事？……当然了，在本书中，你还会了解到催眠漫长悠久而充满乐趣的历史，学习到催眠师的一些不传秘笈以及自我催眠的操作方法。在读完本书后，你可以灵活自如地将催眠技巧应用到生活中：背单词时，你可以运用催眠增强自己的记忆力；失眠了，你可以运用催眠让自己酣然入睡；人际社交中，你可以运用催眠掌握他人想法……书中的所有方法你都可以尝试，等你熟练后也可以开发出自己独有的方法。总之，催眠将成为你生活中重要又好用的好帮手。你将从催眠他人与自我催眠中体会到催眠的神奇魔力。

另外，本书为了适应现代人节奏快、工作忙的生活特点，采用一页文字一页图解的方式，让你可以轻松地读懂每一个知识点。这种阅读方式简单而又实用，让你在轻松好玩中学到知识。还等什么呢，马上开始享受阅读的乐趣吧！

目 录

第一章　催眠术一点都不神秘　　1

1. 什么是催眠：一种特殊的治疗方法　　2
2. 催眠性恍惚：妙不可言的轻松感　　4
3. 催眠与潜意识：钥匙与房间的关系　　6
4. 主动性注意力窄化：日常生活中的恍惚状态　　8
5. 被动性注意力窄化：暗示下的恍惚状态　　10
6. 感觉信号的处理：催眠暗示的传递途径　　12
7. 被暗示性亢进：语言暗示的惊人力量　　14
8. 暗示的分类：直接暗示和间接暗示　　16
9. 非简单相关：被催眠性与被暗示性的关系　　18
10. 催眠时的脑电波：大脑里发生了什么　　20
11. 催眠与睡眠：有关联，但不是一个概念　　22
12. 影响催眠的因素：哪些人容易被催眠　　24
13. 催眠阶段：催眠现象与阶段的划分　　26
14. 动物催眠：本质并不是催眠　　28
15. 任人摆布：电影和小说的误导　　30
16. 催眠的有效性：催眠是否对所有人适用　　32
17. 前世回忆：只是一种催眠治疗方法　　34

第二章　了解一点催眠的历史　　37

18. 魔法和咒语：原始时代的催眠应用　　38

19. 扶乩与打坐：古代文明中的催眠现象   40
20. 国王的力量：皮拉斯的脚趾头能治病   42
21. 神奇驱魔术：伽斯纳的精彩表演   44
22. 麦斯麦术：法国政府买不来的动物磁流   46
23. 磁性睡眠：法国侯爵与催眠疗法的起源   48
24. 催眠的命名：布雷德医生的创意发明   50
25. 来自暗示：两大学派论战的正确结论   52
26. 精神分析：弗洛伊德与癔症患者   54
27. 自我暗示：库埃对自我催眠的贡献   56
28. 催眠的革命：艾瑞克森的创造性催眠   58
29. 医学界的支持：英国美国医学会的认可   60

第三章   掌握催眠其实很简单   63

30. 催眠师的要求：你有潜力成为催眠师吗   64
31. 催眠地点：在哪里都能被催眠吗   66
32. 相互沟通：催眠师的准备工作   68
33. 手臂升降测试：测试催眠敏感度   70
34. 催眠诱导：进入催眠状态的重要环节   72
35. 凝视法：最简单的催眠诱导   74
36. 直接诱导：由测试直接导入催眠状态   76
37. 混淆诱导法：不容易被催眠时的办法   78
38. 深化催眠：催眠诱导后要做的事   80
39. 深呼吸法：催眠中的万能方法   82
40. 身体摇动法：催眠状态深化的方法   84
41. 催眠唤醒：结束受催眠者的催眠状态   86
42. 言语暗示：心理学的常用方法   88
43. 最后的暗示：催眠唤醒的注意事项   90
44. 树立榜样：提高催眠成功率的方法   92
45. 持续催眠：将催眠效果发挥到极致   94

第四章　轻松学会自我催眠　　　　　　　　　　　　　97

46. 高峰体验：美妙的自我催眠　　　　　　　　　98
47. 从教室到赛场：应用广泛的自我催眠　　　　100
48. 选定合适目标：自我催眠的关键之一　　　　102
49. 简洁与重要重复：编写暗示语的指导方针　　104
50. 分解目标与增强暗示：自我暗示的技巧　　　106
51. 排除干扰：提高成功率的准备工作　　　　　108
52. 磁带还是CD：选择自我诱导的媒介　　　　110
53. 数数字和走楼梯：再唤醒与深化的方法　　　112
54. 放松法：最舒服的自我催眠　　　　　　　　114
55. 默坐法：最优雅的自我催眠　　　　　　　　116
56. 想象法：妙不可言的自我催眠　　　　　　　118
57. 专注法：给自己充电的自我催眠　　　　　　120
58. 前额法：身心愉悦的自我催眠　　　　　　　122
59. 呼吸法：最简单的自我催眠　　　　　　　　124
60. 自我检查：你有没有进入催眠状态　　　　　126
61. 持久训练：怎么让催眠效果越来越好　　　　128

第五章　摆脱困境，催眠助你健康生活每一天　　　131

62. 摆脱失眠：睡得香甜的催眠妙招　　　　　　132
63. 帮助戒烟：用催眠摆脱尼古丁的诱惑　　　　134
64. 帮助节酒：今天喝多少，催眠说了算　　　　136
65. 消除焦虑：用催眠让身心轻松舒服　　　　　138
66. 缓解疲倦：催眠让你从重度疲倦中舒缓　　　140
67. 消除挫败感：用催眠找到成就感　　　　　　142
68. 摆脱心理阴影：催眠可以拂去心理阴影　　　144
69. 寻找失物：催眠帮你找到遗失的物品　　　　146
70. 偏食矫正：巧用催眠，让孩子不挑食　　　　148
71. 治疗晕车：用催眠让旅途更舒畅　　　　　　150

72. 治疗脱发：催眠让你重获乌黑秀发　　　　　　　　　　152
73. 治疗肥胖症：用催眠让你体型更完美　　　　　　　　154
74. 缓解疼痛：用症状置换法缓解病痛　　　　　　　　　156

第六章　激发潜能，催眠帮你塑造强大自我　　　　　159

75. 提高记忆力：从今天起，你可以一目十行　　　　　　160
76. 集中注意力：将你的注意力聚焦于一点　　　　　　　162
77. 增强决策力：用催眠让自己变得果断高效　　　　　　164
78. 增强创造力：拆掉你大脑里的墙　　　　　　　　　　166
79. 激发强大气场：催眠出你的王者气质　　　　　　　　168
80. 增强成功意识：用催眠让你进取心更强烈　　　　　　170
81. 改变坏习惯：催眠帮你与坏习惯永别　　　　　　　　172
82. 保持旺盛精力：用催眠让你精神焕发　　　　　　　　174
83. 提高工作热情：催眠让你快乐地工作　　　　　　　　176
84. 增强社交自信：不做聚会中的"壁花"　　　　　　　　178
85. 催眠解梦：催眠让你更了解自己的内心　　　　　　　180

第七章　掌控他人，催眠让你成为交际达人　　　　　183

86. 掌握他人想法：催眠帮你透过外表识人心　　　　　　184
87. 攻破防备心理：用催眠让他人放松戒备　　　　　　　186
88. 有效击中软肋：用催眠让对方与你推心置腹　　　　　188
89. 强化服从意识：用催眠让他人无条件服从　　　　　　190
90. 化解矛盾：用催眠消除他人敌对情绪　　　　　　　　192
91. 解决纷争：用催眠来调解他人纠纷　　　　　　　　　194
92. 赢得支持：催眠术让你获得更多支持　　　　　　　　196
93. 成功拒绝他人：让你拒绝别人时赢得信赖　　　　　　198
94. 成功说服他人：催眠帮你改变他人想法　　　　　　　200
95. 成功激励他人：用催眠调动他人积极性　　　　　　　202
96. 迅速俘获芳心：催眠帮你成为恋爱达人　　　　　　　204
97. 让孩子听话：催眠帮你与逆反的孩子沟通　　　　　　206

98. 成功演讲：集体催眠助你成为演讲家　　　　　　　　208

第八章　无处不在的催眠现象　　　　　　　　212

99. 晕轮效应：爱情里的催眠现象　　　　　　　　212
100. 舞台催眠：请不要只把我当娱乐　　　　　　　　214
101. 催眠麻醉：医学上的催眠应用　　　　　　　　216
102. 商业活动：无处不在的类催眠　　　　　　　　218
103. 非法传销：洗脑骗术的催眠原理　　　　　　　　220
104. 法庭催眠：让嫌疑犯主动坦白　　　　　　　　222
105. 名人明星：你的偶像会催眠　　　　　　　　224
106. 网络文化：别被电脑催眠了　　　　　　　　226

附录一　催眠常用名词及解释　　　　　　　　230

附录二　催眠历史大事记　　　　　　　　232

催眠师誓词

　　谨以至诚的心，本人在此郑重宣誓：我决心认真学习催眠术，助人助己，绝对不将催眠用于不道德或违法犯罪行为，永远以求助者的益处为第一考虑，不为个人谋取私利。我一定努力训练内心的自省能力，参照自己的言行，随时修正自己的错误，发现自己的问题后会努力处理，努力提升自我人格。

　　我将不断努力学习，提高洞察真相的能力，帮助他人看清内心缠绕的葛藤，运用正面的语言力量，引导他人，使人与人之间互动顺畅，使内心更和谐，使生活更美好。

宣誓人：＿＿＿＿＿＿

＿＿年＿＿月＿＿日

第一章 催眠术一点都不神秘

1. 什么是催眠：一种特殊的治疗方法
2. 催眠性恍惚：妙不可言的轻松感
3. 催眠与潜意识：钥匙与房间的关系
4. 主动性注意力窄化：日常生活中的恍惚状态
5. 被动性注意力窄化：暗示下的恍惚状态
6. 感觉信号的处理：催眠暗示的传递途径
7. 被暗示性亢进：语言暗示的惊人力量
8. 暗示的分类：直接暗示和间接暗示
9. 非简单相关：被催眠性与被暗示性的关系
10. 催眠时的脑电波：大脑里发生了什么
11. 催眠与睡眠：有关联，但不是一个概念
12. 影响催眠的因素：哪些人容易被催眠
13. 催眠阶段：催眠现象与阶段的划分
14. 动物催眠：本质并不是催眠
15. 任人摆布：电影和小说的误导
16. 催眠的有效性：催眠是否对所有人适用
17. 前世回忆：只是一种催眠治疗方法

1. 什么是催眠：一种特殊的治疗方法

你知道催眠是怎么回事吗？许多人一听说催眠，眼前马上就会浮现出一个带着神秘的微笑的催眠师的形象，他一边拿着一只怀表在被催眠的人眼前来回摇摆，一边用诡异的语气说着什么，接受催眠的人很快就变得痴痴呆呆的，好像在做梦一样。这个时候，无论你问什么他都会回答，无论让他做什么他都会去做。催眠真的就是这样吗？

摇摆怀表催眠他人的方法在以前确实很常见，不过现在很少有人使用了，这种方法也被称为"凝视法"。它是很多普通人知道的唯一催眠方法，却只是众多催眠方法中普通的一个。真正的催眠比普通人想象的要复杂得多，也有意思得多。

由于催眠离不开暗示的方法，所以又可称为暗示催眠术，作为心理治疗的一种方法，也叫暗示催眠治疗。

催眠虽然看上去很神奇，而且在某些方面确实非常有效，但它并不像普通人理解的那样神秘，更没有那么夸张。人们对催眠的认识往往来自于影视文学作品，而影视文学的编剧、作者们常常因为自身对催眠的误解，或者是为了情节的设计，把催眠神秘化、夸大化，导致催眠成了一门很多人都感兴趣，却也被很多人误解的科学。

催眠有着非常悠久的历史，但是由于长期以来人们对它的一系列错误认识，它的前景并不被人看好。近一百多年来，一些对催眠感兴趣的人一直在努力解开催眠的奥秘，他们逐渐发现了催眠的原理，认识到了催眠的巨大作用。从此，催眠逐渐进入科学研究领域，并科学化、系统化、规范化。

心理学家普遍认为，催眠是打开人们心扉的一把万能钥匙，它可以给人以智慧和启迪，而它最主要也是最重要的用途就是可以作为一种心理治疗技术。催眠对许多疑难杂症都有很好的治疗效果，使患者能够康复如初，使焦虑、忧郁、恐惧等不良情绪瞬间即逝，使患者重新体验到人生的温馨与乐趣。

现在，催眠已被很多国家广泛传播，真正成为一门理论严密、使用规范的应用科学。很多著名大学、医院里都设有催眠研究室，催眠已经成为一种常用的心理治疗方法，并在各行各业有着广泛应用。

催眠确实很神奇

催眠的神奇用途

1. 催眠拔牙：可以减少许多麻醉药物造成的问题。

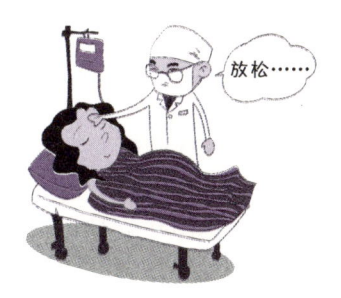

2. 催眠助产：利用催眠能有效减少产妇痛苦。

3. 唤起记忆：催眠能让患者回到过去，想起一些事情。

4. 增强记忆：催眠状态下的记忆力比平时好很多。

神奇的"凝视法"

利用水晶球或者怀表等工具、让受催眠者进入催眠状态的方法。被称为"凝视法"。这是一种很古老、但至今仍被广泛使用的方法。

2. 催眠性恍惚：妙不可言的轻松感

我们常常会在电影电视里看到这样的画面：催眠师对一个人实施催眠后，受催眠者变得精神恍惚，像是在梦游。这到底是怎么回事呢？

别小看了这种看上去像梦游的恍惚状态，它可是催眠过程中的一个非常重要的部分。在受催眠者被催眠师施加催眠后，其意识开始时一般都非常清晰，甚至比日常生活中更加清晰。在催眠的过程中，我们大脑的注意力随着催眠师的操作慢慢变得高度集中，注意不到其他的事情，我们慢慢开始摆脱自己的意识对大脑的束缚，慢慢开始接受催眠师的指令。在这个时候，我们感觉自己的大脑似乎不是很清醒，似乎陶醉在另一个世界里。

实际上，这是催眠中必然会出现的现象，受催眠者在催眠状态下的这种身心状态也被形象地称为"恍惚状态"。又因为这种恍惚状态是催眠时产生的，为与其他恍惚状态区别开，它又被称为"催眠性恍惚"。

生活中我们常常会进入恍惚状态，比如上课时神游天外，老师提问你都没听见；坐在公园长椅上等朋友，无聊中做起了白日梦，朋友喊你半天，你却没有任何反应。这些都是恍惚状态，只不过这些状态都是由自然条件下不自觉进入的，而催眠性恍惚是催眠条件下由催眠师进行催眠诱导产生的。

恍惚状态是一种妙不可言的状态，在这种状态下，人们通常能获得轻松愉快的感觉，这种轻松愉快的感觉是由身心放松产生的，催眠性恍惚更是如此。催眠师常会给我们"全身放松""深呼吸"之类的暗示，在暗示下，我们的身体会进入到一种很轻松的状态，身体的轻松带来心理的放松，大脑便会很自然地进入恍惚状态；在催眠师的进一步暗示下，大脑会进入更深的恍惚状态，轻松感也会越来越强烈，甚至让你不想从催眠中苏醒。

当我们进入催眠性恍惚后，我们不想做什么事情，也不愿意去想问题，大脑会放松警惕，充分享受这种轻松感。如果催眠师什么都不做，我们也会什么都不做，慢慢地转入睡眠状态或者醒来。这种恍惚是一种很被动地接受指令的状态，这也就是催眠性恍惚与我们日常生活中的恍惚状态间的最大不同之处。

随处可见的恍惚状态

有些人以为自己很少进入恍惚状态，实际上人们常常会进入恍惚状态而毫无察觉。恍惚状态在生活中和催眠中常常出现，只是出现方式不一样罢了。

两种不同的恍惚状态

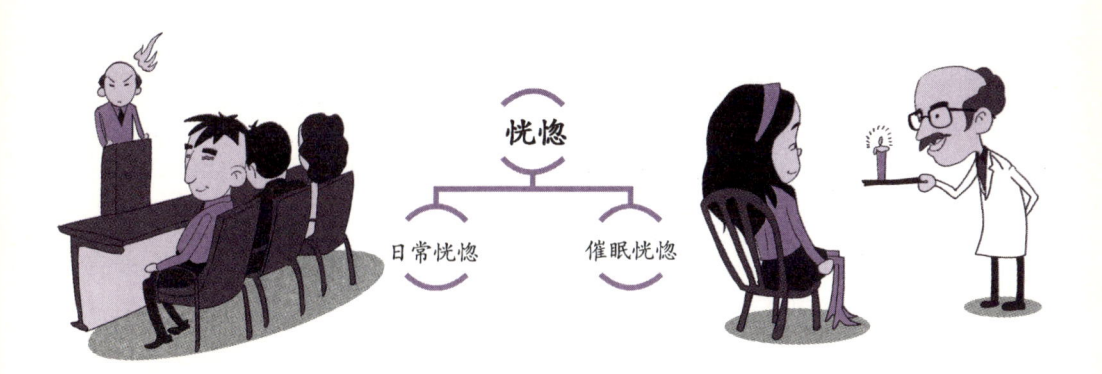

恍惚状时的感受

睡眠：进入催眠性恍惚后，你会什么都不想做，感到全身很轻松。如果催眠师什么都不做，你就会转入睡眠状态，或者慢慢醒来。

幻觉：催眠性恍惚下，大脑会放松警惕并易于接受暗示。甚至当催眠师指着洋葱告诉你这是苹果时，你可能出现幻觉，看到苹果或闻到苹果味。

3. 催眠与潜意识：钥匙与房间的关系

弗洛伊德是精神分析学的奠基人，潜意识理论是弗洛伊德最重要的理论之一，被形象地称为"冰山理论"。这个理论本来只用于心理学领域，后来却被广泛应用于历史、文学、影视、美术、医学等方面。在催眠理论里，潜意识理论也起着非常重要的作用。只有弄明白了潜意识理论，才能够真正懂得催眠的原理。

弗洛伊德认为，人的心理就像海面上的冰山一样，在水面上露出来的只是很小的一部分，大部分处于水面之下。水面上的就是我们能意识到的，叫意识；水面下的则是我们不能意识到的，叫潜意识。同时，在这二者之间存在着一个前意识，如同冰山与水面交界的那部分一样，前意识游离于意识与潜意识间，可能转化为意识，也可能转化为潜意识。

这三个层次组成了一个动态心理结构，它们始终处在相互渗透、流动变化之中。三者处在协调平衡状态，就是正常人的心理结构，具有常态的性质。三者处在不平衡的紊乱状态，就是非正常人的心理结构。

潜意识是整个心理活动的大部分，对人们的行为和思想往往起着决定性的作用。每时每刻我们的潜意识都在追求着满足。它是人的本能冲动、被压抑的欲望和本能冲动的替代物的"贮藏库"，它不受客观现实的调节，而是由自己的本能来决定的。在一定条件下有一部分潜意识会进入意识，另外一部分则永远不能被察觉。

弗洛伊德非常看重潜意识的作用，所以他把精力主要用于对人的潜意识的研究，他认为潜意识在某种程度上决定着人的发展。他的这种认识曾被欧美许多学者运用和发展，成为精神分析学说的基本概念。

潜意识作用说指出，催眠现象的原理在于催眠师设法减弱了受催眠者的意识作用，使受催眠者的潜意识部分被打开，由此接纳暗示。也就是说，在催眠状态中，受催眠者被动地接受暗示，主要是因为潜意识对催眠师的暗示进行了感应，所以丧失了自觉性与自主性，进而完全听从于催眠师的命令。若在清醒状态，意识作用占主导地位，潜意识被压抑下去时，则不会感应暗示。

用潜意识理论解释催眠

潜意识理论是心理学家弗洛伊德提出的一个重要理论，它也常常被用来解释催眠原理。

潜意识理论

人的心理由意识、前意识和潜意识组成。三者组成一个动态心理结构，相互渗透、流动变化。三者处在协调平衡状态，就是正常人的心理结构。

水面上能被人意识到的叫意识，水面下不能意识到的，叫潜意识。二者间的叫做前意识。

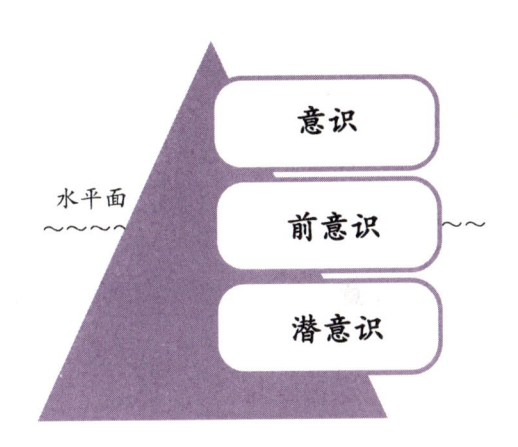

水平面 —— 意识 / 前意识 / 潜意识

潜意识理论与节奏刺激

潜意识理论认为，为了加强意识的作用，使受催眠者处于易接受暗示状态，最好的办法就是"节奏刺激"。怀表的重复单调摆动就是典型的"节奏刺激"。

说明："节奏刺激"是指对受催眠者的眼睛、耳朵或皮肤反复地做单调的刺激。这样，会使大脑的思考力减弱，从而使受催眠者进入精神倦怠、昏昏入睡的状态。

4. 主动性注意力窄化：日常生活中的恍惚状态

有一些人在阅读书籍的时候非常地忘我，他们甚至听不到有人在身旁喊他们，因为这个时候，他们的注意力完全在阅读书籍上或在由书籍内容产生的想象里，除此之外的信息全部被大脑过滤掉了。这就是一种被称为注意力窄化的现象。

所谓注意力窄化，实际上就是注意力没有分散，而是高度集中在某一件事物上，不受外界环境影响的状态，这样的现象在生活中是很常见的。

例如，我们平常走路时一般都会注意到身旁的人和动物、经过的车辆、路过的建筑和树木、街旁的音乐和气味等等，也许你很快就会忘记它们的存在，也许你没有对那些事物做出什么反应，但这不表明你没有注意到它们的存在。这时，你同时注意到了很多东西，行人、动物、车辆、建筑、树木、音乐、气味……你的注意力并没有高度集中在任何事情上，而是很分散地放在了身旁的所有事情上。这时，你的注意力并没有窄化。

如果你是在边走着边想心事，对周围所有的事情都视而不见，这就是一种注意力的窄化了。在注意力没有窄化时，你会注意到视野里那条不起眼的狗突然冲了过来，你会很自然地做出逃跑或者自卫的反应。而在你注意力高度集中时，你思维的"视野"变窄了，比如我们在街上茫然地走着，脑子里一直想着股票的涨跌时，很可能就不会注意到眼前冲过来的那条狗，无论它看上去多么凶残和危险。这就是一种注意力窄化的表现。

以上所说的注意力窄化属于日常生活中的注意力窄化，而在催眠时人们出现的则是另外一种完全不同的注意力窄化。日常生活中的注意力窄化几乎都是人们自主进行的，并没有接受谁的暗示和引导，这种注意力窄化的现象被称为主动性注意力窄化；在催眠中的注意力窄化，则是由催眠师引导，受催眠者被动出现的，因此被称为被动型注意力窄化。

比如我们在思考一个问题或关注某件事情时，很主动地把注意力窄化到了那里。然而，在催眠中出现的高度窄化的注意力并不是受催眠者主动进行的，而是在催眠师的暗示性语言下慢慢形成的。

注意力的分类与表现

注意力的分类

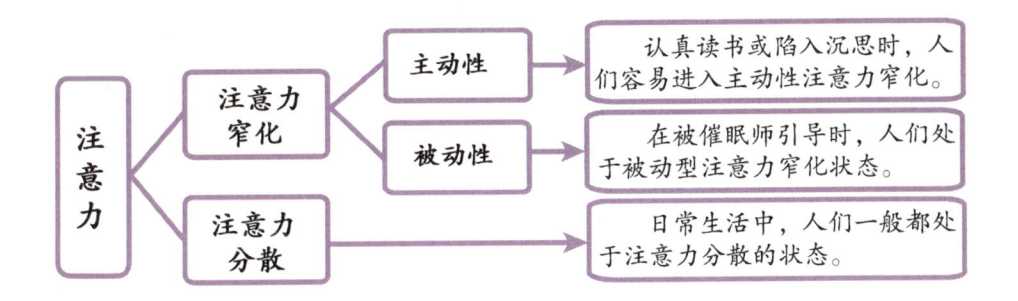

注意力
- 注意力窄化
  - 主动性 → 认真读书或陷入沉思时，人们容易进入主动性注意力窄化。
  - 被动性 → 在被催眠师引导时，人们处于被动型注意力窄化状态。
- 注意力分散 → 日常生活中，人们一般都处于注意力分散的状态。

生活中的注意力窄化

注意力窄化就是注意力高度集中。右图中，牛顿的注意力窄化到书上，对其他事情不关心，把怀表当鸡蛋扔到了锅里。这种注意力窄化是一种主动性的注意力窄化。

催眠时的注意力窄化

现在你只能听到我说话。

在催眠时，受催眠者的注意力被引导到催眠师身上，这种高度窄化的注意力是在催眠师的暗示性语言下被动形成的，因此被称为被动性注意力窄化。

5. 被动性注意力窄化：暗示下的恍惚状态

在被催眠时，人们的身体慢慢放松，意识水平下降，注意力被催眠师引导，高度窄化到催眠师那里，整个过程中受催眠者并没有主动做什么事情，受催眠者出现的这种注意力窄化是非常被动的，被称为被动性注意力窄化。

无论是主动性注意力窄化还是被动性注意力窄化，人们只要出现了注意力窄化的现象，几乎都会进入到恍惚状态。只是日常生活中，我们毫无察觉地进入的恍惚状态是主动性的，而在催眠师引导下进入的恍惚状态是被动性的。

当你能以舒服的姿势或坐或躺，心中充满对催眠师的信任，开始接受催眠师的暗示时，几乎可以肯定你会进入被动性注意力窄化引起的恍惚状态中。在催眠师的某些暗示下，你可能会慢慢感觉到眼睑越来越沉重，周围其他的声音越来越飘渺、越来越遥远，整个世界只剩下催眠师一个人的声音。慢慢地，你感到全身舒畅，似乎来到了另外一个世界。这个世界里什么都是雾蒙蒙、轻飘飘的，身旁的一切都像是幻象一样，但是你并不惧怕，你会很享受这种"飘飘欲仙"的感觉。

当你进入这种暗示下的恍惚状态时，你可能在催眠师的暗示下"看见"不存在的东西，也可能"看不见"眼前的东西。这时的"看见"和"看不见"都是暗示的结果，眼睛并不会真的"看见"不存在的，或是"看不见"真实存在的。这时你的神情是恍惚的，像是在梦游一样，直到催眠师开始暗示你回到现实世界，你才慢慢恢复正常状态。

被动性的注意力窄化引起的恍惚状态，与日常生活中主动性的注意力窄化引起的恍惚状态相比，有明显的不同。

在主动性注意力窄化引起的恍惚状态下，我们并不是听不见身旁的声音，感觉不到身旁的事物变化，只是我们的注意力没有集中在这些事物上，就算这时有催眠师在耳旁给我们暗示，我们也只会充耳不闻，因为我们的注意力并不在催眠师那里，也没有窄化。

而在被动性注意力窄化引起的恍惚状态中，我们会接受催眠师的暗示，时时刻刻把注意力放在催眠师的声音上，而忽略其他的事情，这个时候，其他任何声音可能都不会引起你的反应，只有催眠师能够迅速将你从这种状态中带出来。

注意力与恍惚状态

注意力和恍惚状态有很大的关系，你可能有点分不清主动性注意力窄化和被动型注意力窄化，因为看上去都像是进入了某种恍惚状态，其实这二者是很容易分辨的。

恍惚状态与注意力窄化

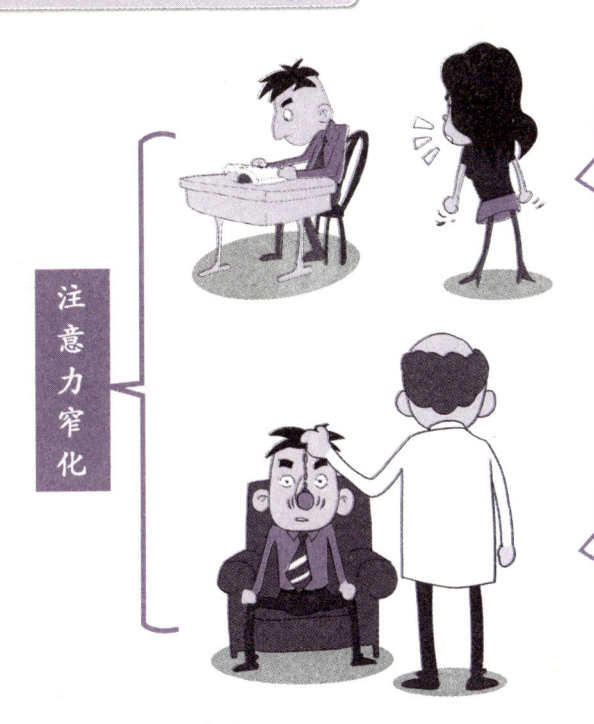

注意力窄化

日常生活中，我们经常能看到主动性注意力窄化的现象。读书看报和专心听讲都是很好的例子。

被动性注意力窄化并不只是在催眠的时候发生，利用催眠原理我们也可以让它在日常生活中发生。

催眠时的注意力

催眠时我们的注意力在催眠师的暗示下变得高度窄化，完全集中在催眠师的声音里，接受催眠师的指令，此时出现的恍惚状态便是被动性注意力窄化了。

现在你只能听到我说话。

6. 感觉信号的处理：催眠暗示的传递途径

为什么催眠师仅仅靠语言的暗示就能够让人进入催眠？被催眠的人为什么可以在催眠师的暗示下，能够看见不存在的东西，看不见近在眼前的东西？催眠暗示是怎么起作用的呢？

要搞清这个问题，我们首先要理解这样一个原理。当我们看到一棵树的时候，你也许很快就会说："那棵枫树好漂亮！奇怪，为什么现在叶子还没红呢？"在整个过程中，你的大脑里发生了什么呢？

首先是这棵树反射的光映入眼帘，眼睛把视觉信号带给大脑；大脑在初级视觉皮层识别出了树的轮廓，而后把图案传送到更高级区域辨认出颜色，然后再传送到再高一级的区域，破译出树的属性以及关于特定的树的其他常识。这就是视觉的信号处理过程。

相同的还有触觉、听觉、嗅觉等感觉信号，这些感觉信号被神经细胞束传送到全身。其中，反方向的信息传递，也就是从高端到低端的信息传递称之为"反馈"。自上而下传递信息的神经纤维的数量是自下而上传递信息的神经纤维的 10 倍，如此大量的反馈途径表明了意识是建立在"自上而下的处理过程"基础上的。

也就是说，只要我们的大脑认为出现了某个信号，这个信号就会让我们的感官发生变化。所以只要改变了大脑里的感受，我们的眼睛、鼻子等等都会发生改变。

实际生活中有很多这样的案例，曾经有科学家做过这样的实验：给不知情的疼痛的病人一颗没有镇痛作用的糖果，告诉他这是镇痛药，病人服用后会感觉疼痛减轻。这就是因为病人认为自己吃过镇痛药了，疼痛就会减轻，因此也就感觉疼痛真的减轻了。

催眠师在催眠中通过语言、表情、手势、行动、环境等，传递与强化着暗示的作用，以此来给受催眠者提供帮助。在实施催眠时，语言暗示是最重要的一种，几乎所有以心理暗示为治疗手段的方法中，全都借助语言而起到强化作用。

无论是暗示的形式，还是暗示的传递途径都是多种多样的，在实际进行中，可以灵活、适当地使用。

视觉信号的处理过程

受催眠者在被催眠时的感觉信号处理和平时的感觉信号处理有很大的差别。以视觉为例，催眠时，因为有了催眠师的信号影响，受催眠者会做出与平时不同的判断，"看"到不同的东西。

平时视觉信号处理过程

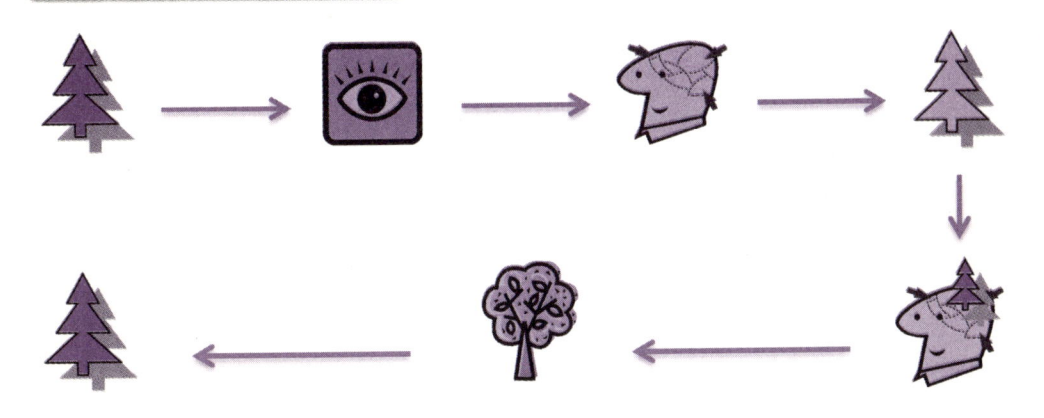

催眠时的视觉信号处理

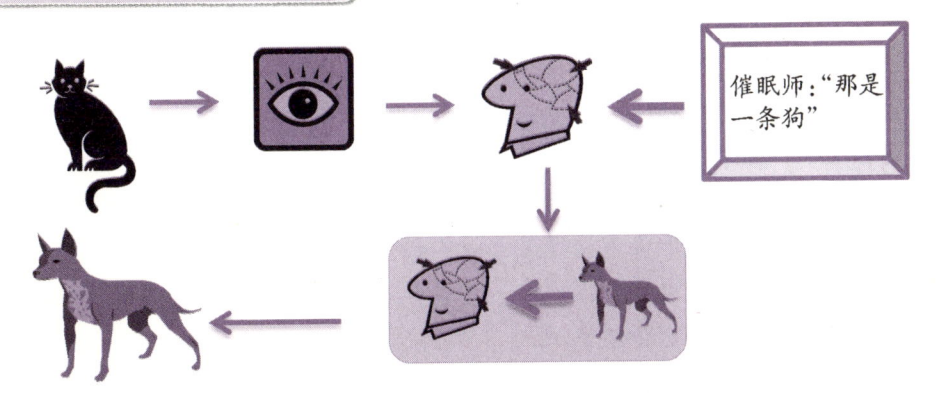

催眠师："那是一条狗"

说明：催眠师可以利用催眠时的感觉信号处理，给受催眠者施加一些有益治疗的暗示，使受催眠者减少痛苦或者获得更多益处。

7. 被暗示性亢进：语言暗示的惊人力量

几乎所有人都或多或少地存在着受暗示影响的特性，这种特性被称为"被暗示性"。日常生活中，这种被暗示性随处可见。例如同事关心你，说你最近脸色很不好，是不是生病了，你嘴上否认了，但在潜意识里可能就会担心自己的身体状况；再或者你热衷炒股，当你无意中听说某支股票非常有潜力，就会有马上买进它的欲望。如此种种，人们的生活总是在不断地被暗示影响着。

每个人受暗示的能力都不太相同，这种受暗示的能力被称为被暗示性，也叫做暗示接受性。人在催眠状态下，大脑意识会变得比平时微弱很多，因此比平时更容易受到语言暗示的影响，暗示接受性变得比平时强很多。

被暗示性亢进是进入催眠状态的重要特征。受催眠者在催眠状态下很容易接受来自催眠师的各种暗示，所以一般情况下，即使是根本不可能实现的暗示，受催眠者也会简单地去执行。例如催眠师暗示受催眠者面前突然出现一头非常凶恶的狗，受催眠者便会像真的看到那条狗一样吓得瑟瑟发抖。但是如果是在正常状态下，我们根本不会相信面前有一条狗，因为我们没看见，我们的大脑没有得到这个感觉信号。我们可能会怀疑："这个人是不是精神不正常，哪里有什么狗？"

人们一旦进入催眠状态，理性和判断能力会变得低下。因此，在催眠状态下，人们容易不加批判地接受暗示。而且，在催眠状态下，人们会进入被动的、缺乏主动性的状态。因此，受催眠者甚至很难理性地通过暗示内容去揣摩暗示人的想法。

在催眠中，如果催眠师对受催眠者反复施加相同的暗示，就会出现明显的被暗示性亢进现象，而被暗示性提高到一定的程度时，受催眠者对其他暗示也容易接受。例如，对两手合掌放在面前的人暗示"把手分开"，手便会分开，如把这一暗示反复几次，手分开得更快。手分开后接着暗示"手往上举"，尽管这是与先前不同的暗示，受催眠者也会立即对这一暗示进行反应，轻易地把手向上举起。

为什么暗示接受性会增强

每个人受暗示的能力都不太相同，这种受暗示的能力被称为被暗示性。人在催眠状态下，被暗示性变得比平时强很多。被暗示性亢进是催眠状态的重要特征。

反复施加相同暗示

催眠师反复施加相同暗示，就会出现被暗示性亢进现象；当被暗示性提高到一定程度，便让其他暗示也容易接受。

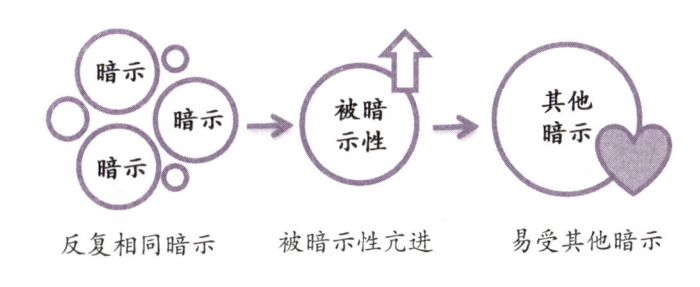

反复相同暗示 → 被暗示性亢进 → 易受其他暗示

催眠时注意力更集中

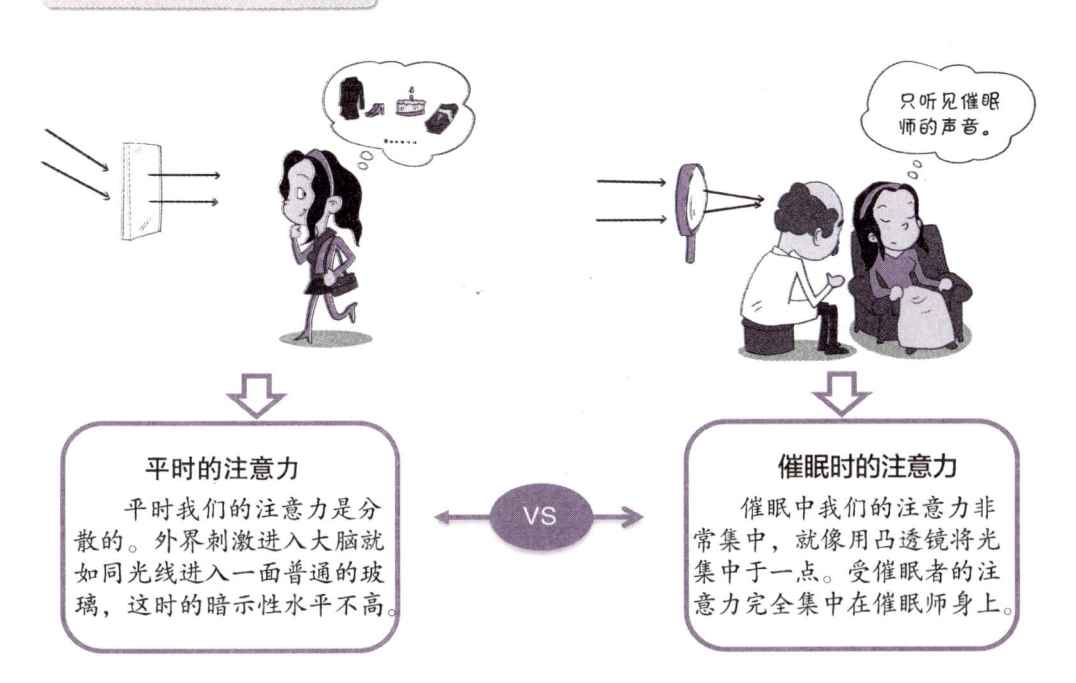

只听见催眠师的声音。

平时的注意力
平时我们的注意力是分散的。外界刺激进入大脑就如同光线进入一面普通的玻璃，这时的暗示性水平不高。

VS

催眠时的注意力
催眠中我们的注意力非常集中，就像用凸透镜将光集中于一点。受催眠者的注意力完全集中在催眠师身上。

8. 暗示的分类：直接暗示和间接暗示

暗示是催眠中最重要的组成部分，关系到催眠最终的成败，每种类型的暗示产生的作用也各有不同。

一般情况下，人们将催眠中使用的暗示分为两种：一种是让受催眠者清楚地知道催眠师的意图而使用的暗示；另一种是为了不让受催眠者知道真正意图而把意图隐藏起来的暗示。前者被称为直接暗示，后者被称为间接暗示。

催眠师对上台怯场的人催眠，对他说："你不会再怯场了"，这样的暗示就是直接暗示。与此相对的是，如果催眠师对他说："每次上台前，你也不知道为什么，自己就会做几个深呼吸，心情就变得很平静，紧张感也消失了。"这样的暗示便是间接暗示。在这个间接暗示里，隐藏起来的信息就是"你需要在上台前深呼吸，这样会让你的紧张感慢慢消失，从而让你不怯场。"

暗示还有其他的划分方式。例如，从催眠的阶段看，为了让受催眠者进入催眠状态所作的暗示被称为诱导暗示；从受催眠者进入催眠状态后进行的、为了加深催眠程度而使用的暗示被称为深化暗示；在催眠状态下为解决受催眠者的困扰而使用的暗示被称为治疗暗示；对觉醒后的行动使用的暗示被称为后催眠暗示；使受催眠者遗忘暗示本身或催眠时的事所使用的暗示被称为健忘暗示；最后，为使受催眠者从催眠中醒来使用的暗示被称为解催眠暗示。

另外，暗示还可以从性质上分为消极暗示与积极暗示；从来源上分为自我暗示与环境暗示；从方向上分为正向暗示与反向暗示，等等。

催眠的本质就是暗示的应用，但不是简单的暗示应用。催眠中暗示语言种类选择以及层次性编排都是经过认真推敲的。有一些略懂催眠的人认为，可以借助催眠状态下当事人潜意识开放、信息接受能力大大加强等特征，采取直接而积极的暗示即可。

实际并非如此，在催眠过程中，催眠师往往会根据实际的需要，采取数种暗示的交替，以获得最佳的暗示组织模式，从而取得最好的暗示效果。

催眠暗示的分类

暗示是催眠中最重要的组成部分，关系到催眠最终的成败，每种类型的暗示产生的作用也各有不同。

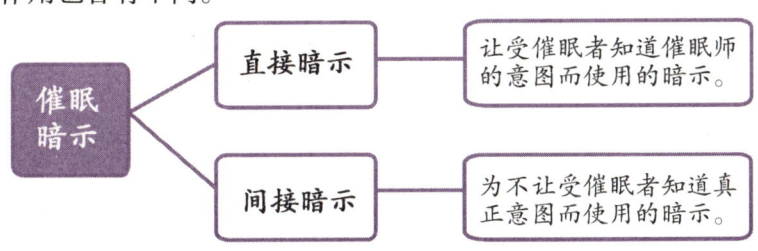

催眠暗示
- 直接暗示：让受催眠者知道催眠师的意图而使用的暗示。
- 间接暗示：为不让受催眠者知道真正意图而使用的暗示。

威光暗示的不同应用

1.权威人物使用：威光暗示是一种利用本身具有的权威作为暗示，并对受暗示者产生一定影响的暗示。从古至今许多权威人物都应用过威光暗示。

> 我是天神的儿子，是你们尊贵的王！

> 都听好了，我是这世界的救世主！

2.宗教人士使用：在某些宗教中，教主本身的权威就是一种威光暗示的体现。对于信徒来说，教主说的话会成为强有力的暗示而发挥作用。过去，在他人催眠中，有的催眠师就有意使用威光暗示，以此炫耀权威。

9. 非简单相关：被催眠性与被暗示性的关系

在催眠理论里，被催眠性是指容易被催眠的特性，被暗示性是指容易受暗示的特性。由于催眠的实质是暗示，一般说来，一个人越容易被暗示，也就越容易被催眠，但这并不绝对，被暗示性强有时并不意味着被催眠性强。实际上，由于被暗示性可以分为好几种类型，被暗示性的强弱在几种类型里并没有简单的相关，因此被暗示性的类型不同，被催眠性也不尽相同。

被暗示性一般分为第一次被暗示性、第二次被暗示性、第三次被暗示性这三类。分别可以通过不同的实验来进行测试。

有一种被暗示性实验，能用来测定受催眠者的被暗示性强度。其中振子实验、抬手实验、身体摇动实验等测定的是第一次被暗示性。在抬手实验中，接到"放在膝盖上的手抬起来了"的暗示后，手迅速抬起就表示其第一次被暗示性强。我们在这里判定的是人们是否会对暗示给予的想象出现反应。此外，注意力集中能力强的人有第一次被暗示性强的趋势。

第二次被暗示性通过绘画实验、嗅觉实验、色彩实验等进行测定，实施这种实验前，催眠师会准备好谎言。比如绘画实验，最开始先给实验对象看一下画，之后催眠师会针对画中的物体提问题。这个时候，也让其就画中没有的东西作以回答。对于画中本没有的东西，他回答"有吧"的话，就表示其第二次被暗示性强。这种被暗示性，实际上就是看其是否容易上当。

第三次被暗示性用热错觉实验进行测定。这个实验察看的是参加试验的人是否容易被条件影响。

在这些实验中，与被催眠性有关的是第一次被暗示性和第三次被暗示性。特别是第一次被暗示性，与被催眠性的关系最紧密，是否容易受他人话语影响可以说是衡量被催眠性高低的重要要素。

三个被暗示性实验

被暗示性分为好几种类型，被暗示性的强弱在几种类型里并没有简单的相关，因被暗示性的类型不同，被催眠性也不尽相同。

> 手被气球绑着缓缓上升。

1. 抬手实验：接到"放在膝盖上的手抬起来了"的暗示后手迅速抬起。就表示第一次被暗示性强。由此可以判定人们是否会对暗示给予的想象做出反应。

> 画上有猪吗？

2. 绘画实验：给对方看画后提问。对画中没有的回答"有"，就表示第二次被暗示性强。这种被暗示性是看是否容易上当。

> 手指发烫了吗？

3. 热错觉实验：给对方触摸冰冷的东西问是否感觉到发烫。这个实验察看的是参加试验的人是否容易被条件影响。

说明：第一次和第三次被暗示性与被催眠性有关。第一次被暗示性与被催眠性关系最紧密，是否容易受他人话语影响是衡量被催眠性高低的重要要素。

10. 催眠时的脑电波：大脑里发生了什么

在脑电图技术出现后，对催眠的研究进入了一个新的阶段。科学家们测量了不同状态下的大脑活动，并使用脑电图仪对活动进行监控。结果发现，在催眠时人们的脑电图和平时是不同的。

清醒时的脑电波处于 β 状态。在这种状态下，我们的大脑完全处于意识活动下，脑电波的活动速度在每秒 14~30 周不等。

在沉迷于电影中，或马上要睡着，或刚刚睡醒时，我们常常处于 α 状态。此时脑电波活动速度为每秒 8~13 周，我们的大脑仍然被意识牢牢掌控，但相对于 β 阶段来说，意识较为放松。在这种状态下，我们通常更具创造性，更容易接受新信息，发挥想象力。一些催眠学家认为这一状态是从意识进入潜意识的很好途径。我们每天都会经历 α 状态，在我们进入 α 状态时也就开始进入恍惚了。

当我们进入深度睡眠或刚从深度睡眠中苏醒时，都会体验到 θ 状态。此时脑电波活动速度为每秒 4~8 周。这一状态高度放松、平和，伴有睡梦，有时被称为睡梦状态。

最后是 δ 状态，此时脑电波活动速度少于每秒 4 周。这属于深度睡眠状态，心灵完全失去意识，催眠还不能达到这一状态。

需要指出的一点是，各个水平的脑电波并不严格地局限于某种特定心灵状态。比如，当我们处于 β 清醒状态时，大脑里仍然存在 α 或 θ 电波。以上四种状态是按照占主导地位的某种波长来划定的，它们对于催眠的意义在于：催眠性恍惚发生于 α 和 θ 状态，这时，催眠师对潜意识的暗示不会受到意识的阻碍。当受催眠者的意识开始退居二线时，暗示才能作用于潜意识。

根据脑电图方面的研究，催眠恍惚经常被划分为六个不同的阶段，每个阶段都伴随着催眠师诱导出的不同表现。催眠师懂得如何诱导并辨识这些不同的恍惚状态。这六个阶段大致概括了催眠的症状，但受催眠者经历这些阶段的时间可能有所不同，而且不同个体之间的恍惚程度与行为举止也可能有很大差异。催眠治疗师的大部分治疗工作可以在前三个阶段产生的恍惚状态中进行，这三个阶段被称为记忆留存阶段。后三个阶段常被称为失忆阶段。

催眠恍惚的6个阶段

1. 伴随着瞌睡,放松开始。受催眠者接近大脑的一些肌肉开始变得沉重,受催眠者无法移动它们。

2. 受催眠者的某些肌肉组会出现僵直,比如一条胳膊。还可能会有沉重感或漂浮感。

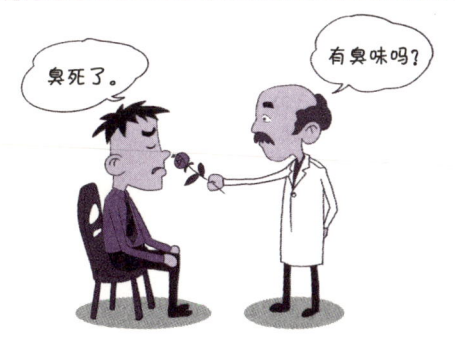

3. 在中度恍惚的第一层,受催眠者除了感到肌肉僵直外,味觉和嗅觉还可以被改变。

4. 随着恍惚程度加深,催眠师可以诱导受催眠者,使其出现丧失记忆的现象。

5. 深度恍惚第一层,经常伴随正性幻觉,即催眠师可以诱导受催眠者看到或听到不存在的事物或声音。

6. 进入程度最深的恍惚,受催眠者会出现麻醉现象,这时可以为他们做外科手术。

11. 催眠与睡眠：有关联，但不是一个概念

在人们对催眠的诸多误解中，第一个就是"催眠就是让人睡觉"。一些受催眠者在接受催眠治疗后对催眠师说："我没睡着，你说的每句话我都能听到，周围别人说的话我也能听到……"

其实催眠和睡眠完全是两回事，睡眠是人对整个环境和自身知觉的高度抑制；而在催眠状态下，受催眠者对于周围的反应则是被抑制的部分抑制得更深，而被唤起注意的部分比平时还要注意力集中。事实上，在催眠状态下，受催眠者甚至比平时更清醒，这时候的意识是高度集中的。

那么催眠和睡眠到底有哪些区别呢？具体说来，催眠和睡眠的性质不同，催眠是一种技术，目的是要对受催眠者进行催眠治疗，属于心理和生理的范畴；而睡眠则属于生理的范畴，是生命活动所必需的。催眠可以消除精神上的痛苦，可以促进、帮助人类机体的健康发展，并通过调动、发挥人的自我调节机能来实现全部身心的良好发展；而睡眠主要是使精力和体力得到休息和恢复。

处于催眠状态中的受催眠者，虽然大脑皮层的大部分区域已经被抑制，但是皮层上仍有一点是高度兴奋的，反应非常灵敏，对于催眠师的问题也会相应地做出回答；而处于普通睡眠状态的人，意识活动则是完全停止的，对外界毫不自知。虽然人在催眠状态下也是在休息，但是休息的深度和质量要高于一般的睡眠，有时只是被催眠了十多分钟，但是受催眠者却感觉好像睡了很久，身心得到了彻底的放松，达到了自然的状态。

处于催眠状态的受催眠者，在催眠师的暗示下肌肉可以僵直得像一块钢板，还可以经过催眠师的暗示会做出某些动作和行为，比如痛哭、大笑、呕吐、出汗等，并且在没有收到催眠师的觉醒暗示之前，即使是睁开眼睛，也仍然是在催眠状态之中。

而处于普通睡眠状态中的人，一般肌肉都是处于松弛状态，不会有催眠状态下那么丰富的内心活动，并且眼睛一旦睁开，便立即恢复到清醒的状态，不需要任何暗示。

从以上完全可以看出，催眠和睡眠完全就是两回事，只不过是受催眠者的眼睛闭着，因此看上去好像睡觉一样。

催眠与睡眠的异同之处

字面上理解，催眠似乎就是"催人入眠"，受催眠者的表现看上去也常常和睡着了一样，但实际上，催眠与睡眠有很大的差别。

二者的功能差别

催眠
接受催眠时，可以对人进行催眠治疗。

≠

睡眠
进入睡眠时，精力和体力会得到恢复。

特征：可在以暗示下做出某些动作和行为，在没收到觉醒暗示前，即使睁开眼，也还是在催眠状态中。

特征：肌肉处于松弛状态，一般情况下，只要眼睛睁开，便立即恢复到清醒的状态，不需要任何暗示。

二者的脑电图差别

对比受催眠者与睡眠者的脑电图，就会发现，两者脑电图波形只是在前期有些相似，后期有很大差别。

二者后期差异很大。

说明：从实验可以看出，催眠和睡眠的相似，不过是表面上的相似，实际上，两者在功能上、表现上都不是一回事。

12. 影响催眠的因素：哪些人容易被催眠

正常人几乎都可以被催眠，但是能否取得良好的催眠效果，则取决于很多因素，这些因素共同决定了一个人能否被催眠和催眠质量如何。

催眠敏感度是其中最重要的因素。催眠敏感度指一个人进入催眠状态的难易程度，它决定着受催眠者的被催眠能力以及获得某种深度催眠状态的能力。催眠敏感度过低者不适宜接受催眠术，催眠效果不明显。那些催眠敏感度越高的人越能快速地进入催眠状态。

其次是精神状态因素。精神状态比较好有利于沟通，注意力难集中或有明显精神病态的人很难被催眠。在催眠过程中有意识障碍的人被催眠难度更大一些，花费时间也更长。

年龄也是一个重要因素。通常情况下，年龄越大越不容易进入催眠状态。相关调查发现，7~14岁的儿童催眠敏感度比较高，在这一年龄阶段中，他们的催眠敏感度常随着年龄的增长而提高，然后持续在这个水平上。40岁以上的人催眠敏感度比较低，年龄越往后就越难进入较深的催眠状态。

相对而言，女性通常表现得更为感性，而男性则通常表现得更为理性，因而女性的催眠敏感度要普遍高于男性，进入催眠也比较快。但这也不绝对，因为感性思维容易引发忸怩不安的情绪，而这种情绪会对暗示产生抵抗作用。

患有某些心理疾病的人不适合被催眠。一些心理疾病患者在催眠时会促使病情恶化或诱发幻觉妄想，有的还会引发思维混乱，如果强制进行治疗的话，就有可能会加重症状。所以，一定要注意受催眠者的心理因素。

催眠术是以心理暗示为基础的，在这个基础上就要求受催眠者一定要能听懂暗示，如果受催眠者的智力发展比较迟钝，那就难以理解、领会、遵循催眠师的要求，因而无从接受暗示。通常来讲，智商小于70的低能者是无法理解催眠暗示语的。

催眠的实施对人的生理健康也有一定的要求，患有重度感冒，或发高烧，或腹泻，或瘙痒性皮肤病患者以及患有呼吸系统疾病、心血管疾病的患者是不适宜接受催眠的。这些患有严重生理疾病的患者，通常注意力不能集中或者精力不够，不适宜接受催眠。

催眠是技巧也是天赋

有些人进入催眠很快，有些人进入催眠很慢；有些人学习催眠很快，有些人学习催眠很慢……这些都是怎么回事呢？

进入催眠的影响因素

影响催眠的因素

催眠敏感度 | 精神状态 | 年龄因素 | 性别因素 | 心理健康 | 智商因素 | 生理健康

怎么成为催眠师

1. 大多数人都存在着当催眠师的潜质，但是更多的靠勤奋。你能够在催眠方面变得多么熟练，基本上取决于兴趣及练习程度。

> 催眠太难学了！

> 你有潜质，不过练得太少了！

2. 经过训练，你也可以在舞台上表演催眠。你可以充分利用自己的天赋，不断完善各种技巧，成功率会越来越高，并在以后的过程中越做越快。

> 我学催眠只用3天。

13. 催眠阶段：催眠现象与阶段的划分

根据人们对催眠现象的总结，人们将催眠分为以下三个阶段：

第一阶段是活动控制。在这个阶段，受催眠者虽然意识清楚，但肌肉有催眠反应。这种对肌肉的控制从接近脑部的眼睑开始，依次向右臂、左臂、脊背、腰和双脚扩散，使人进入虽想抵抗，但行动却被控制的催眠状态。如果问从此催眠阶段中醒来的人，他会说："我没被催眠，你叫我不要睁开眼睛，我虽然确实没睁开，但我知道只要我想睁开还是能睁开的"。事实上此时的他已经进入了催眠。但由于有意识，所以他认为这不是催眠。

第二阶段是知觉控制。受催眠者自我理解的加强和顾虑的消除，使暗示能够被接受到更深的心理层次，产生的催眠现象和前面相比有质的区别。催眠师可以让受催眠者的视觉、听觉、味觉、嗅觉、触觉准确地产生反应。

视觉控制：向受催眠者暗示某个风景或特定的人，他就会像做梦时那样，眼前产生幻觉。

听觉控制：可以使受催眠者产生幻听。

嗅觉控制：可以使受催眠者感到有花草的芳香或某种食物的味道。

味觉控制：可以暗示受催眠者烟、酒的味道很难闻，以前觉得很喜欢的烟酒也会变得很苦涩。这种效果在催眠醒来后仍会持续下去，可以用来戒烟戒酒。

触觉控制：引起很强的痛感控制，即使掐手足，用针刺身体也不感到疼。因而，即使不用麻醉药也可进行无痛拔牙等简易手术。

这种状态是自我催眠的最高深度。能人为地制造"印象"，想象某个情景，比如，面对大庭广众讲话等，在心理上进行预演。

第三阶段是记忆控制。这是催眠的最高状态，自我催眠无法做到。这是在催眠他人时，对受催眠者进行催眠分析所必需的阶段。

本阶段意识完全丧失。在唤醒受催眠者时，如果暗示说："催眠中的事全忘了"，受催眠者醒来后则全然不记得催眠中的事了，即能够产生暂时丧失记忆的状态。

由于被暗示性极强，因此也接纳跳跃性很大的暗示。如果给予"你是某某"的暗示，受催眠者就会以某某自居，站在某某的立场上回答各种问题。这叫"转换人格"，通过暗示能使人完全变成另一个人，也能使人模仿动物或无生命物体。

催眠的强大魔力

不同阶段魔力不同

活动控制

意识清楚，但肌肉不受控制，无法抵抗。肌肉控制从眼睑开始依次向手臂、脊和双脚扩散。

⬇

从此催眠阶段中醒来的人会认为自己没有被催眠，因为意识很清楚。

知觉控制

自我理解加强、顾虑消除。催眠师可以让受催眠者视觉、听觉、味觉、嗅觉、触觉准确地产生反应。

⬇

这是自我催眠最深状态。能人为地制造虚假印象，想象某个情景。

记忆控制

意识完全丧失。催眠师可以暗示催眠者遗忘催眠时发生的事情，即能够产生暂时丧失记忆的状态。

⬇

能接纳跳跃性很大的暗示，实现人格转换，完全变成另一个人。

神奇的"年龄回溯"

在众多催眠方法中，"年龄回溯"是一种很神奇的方法。

催眠师用"年龄回溯"可以让成年人的心智与行为表现得像五、六岁的儿童一样。

> 告诉我，你今年几岁啊？

> 我六岁，读小学一年级。

说明：许多催眠方法都很神奇，例如"感觉控制"催眠法可以让受催眠者产生梦游状态，醒来后不记得做过的事。这些方法都体现了催眠的强大魔力。

14. 动物催眠：本质并不是催眠

我们已经了解到，催眠的本质是暗示，有人便会提出疑问："我在电视里看过催眠师在舞台上给动物催眠，不管是兔子、青蛙还是鸡，都可以被催眠呢！动物又不懂人类的语言，自然是听不懂人类的暗示了，为什么还是可以被催眠呢？"

这看起来确实是一件很神奇的事情，电视里很多催眠师对动物神秘地说几句悄悄话，或者做一个奇怪的手势，手中的动物就全身瘫软了，在那里一动也不动。动物催眠到底是怎么回事呢？如果动物可以催眠，是不是意味着动物也能听懂人类的语言，或者说动物催眠可以不通过暗示呢？

动物催眠确实不是通过暗示进行的，因为它本身并不是真的催眠。很多所谓的动物催眠是在马戏团中进行的，而那些表演动物催眠的魔术师或者小丑们完全不懂得什么是催眠。而真正的催眠师一般只有在进行舞台表演时，为了提高表演的趣味性才会表演这样的动物催眠。所谓的神秘的悄悄话，都是为了舞台效果而设计的，并没有什么实际意义。简单地说，动物催眠与真正的催眠完全没有关系。

无论是魔术师、小丑还是舞台催眠师，他们主要都是利用了动物在危急情况时出现的一种与肌肉僵直相似的生理过程而不是心理过程来进行表演的。因此，动物催眠只不过外表看来与催眠术有些相似而已，只要懂得这些动物的弱点，谁都可以轻易地"催眠"这些动物。

缺氧引起的窒息反应是一些动物催眠的秘密所在。有些催眠师在表演时会用手指掐住动物的颈部，使动物动脉被压迫住，对于兔子、鸡、青蛙甚至鳄鱼都可以用颈部动脉压迫的方法使其进入"催眠状态"，它们的肌肉通常会变得完全松弛，任催眠师摆放，其实这些动物并没有进入催眠状态，而是因为动脉被压迫，进入了昏迷状态。

如果还有人相信这是催眠，可以用更简单的方法来反证，催眠师可以用语言暗示让受催眠者做出各种动作、表情等，可谁见过哪位动物催眠师把动物催眠后让它叫三声然后转几个圈？他们能做的仅仅是让动物瘫软罢了。

动物催眠的秘密

动物催眠不是真的催眠,只是舞台催眠师利用动物本身的生理特点使其出现如同睡眠一样的现象罢了。以下就是几个常见的动物催眠使用的方法。

1. **催眠青蛙**:把青蛙肚皮朝上放桌上,用手指按住肚皮几秒钟后松开,青蛙会保持刚才的姿势。要结束时,在旁边打个响指,同时快速把它翻转过来,它就会很快醒过来。

> 我是被吓晕的。

> 这种高难度的俯卧撑让我头好晕啊!

2. **催眠龙虾**:把龙虾大头朝下,让它的头和两只钳子支撑体重,几秒钟后它就会一直保持这样的姿势不动了。要结束时只要把它重新平放在桌面上就行了。

3. **催眠兔子**:把兔子肚皮朝上两耳分开放桌上,保持30秒后小心地挪开手,它会一直保持不动。要结束时朝它鼻子猛吹一口气,同时把它侧翻过来,它会立刻醒来跳走。

> 没办法,我不装死,他就不给我胡萝卜吃……

说明:能被"催眠"的动物还有很多种,只要掌握了动物的生理特性,即使你一丁点儿催眠理论都不懂,也可以顺利地把它"催眠"了。

15. 任人摆布：电影和小说的误导

很多影视文学作品中，我们都会看到一个人一旦被催眠，就完全听从催眠师的指令，要他干什么他就干什么，这是真的吗？生活中，如果我们被催眠，会不会被别人完全控制？

其实，在很多影视文学作品中关于催眠的描写都有些夸张和失实的成分，每个人的潜意识都有一个坚守不移的任务，就是保护自己。他不会因外界的引导和刺激而做出潜意识根本不认同的事情，即使在催眠状态中，人的潜意识也会像一个忠诚的卫士一样保护自己，所以不用担心会被催眠师控制或者暴露自己的秘密。况且，作为催眠师，也应该为受催眠者保密，这是基本的职业道德。

有的人对催眠存在很大的恐惧感，怕在被催眠的过程中受到控制，失去理智而把一些隐私暴露出来，当众出丑或者做出一些违背自己意愿的事情。还有一些人，他们对催眠抱有一种不切实际的幻想，期望得到某些不可能的结果，这些想法都是不正确的。

绝大多数催眠学家认为，人们在催眠中是无法被迫违背自己的信仰和道德观说话或做事的。催眠学家们指出一个这样的事实：只有你想要达到某种无意识行为的变化时，你才能达到这种变化。比如说，如果你并不是真的想要戒烟的话，那么，多次催眠治疗都不太可能使你将烟戒掉，因为潜意识原原本本地反映了你真实的想法。

对现代催眠来讲，只有在满足深呼吸、放松、想象力及暗示这几个条件下，意识和潜意识的沟通才是非常有效的。而且，每个人的内在都有一个极其重要的机制——自我保护机制，所以，在催眠过程中，受催眠者不会做出违背自己意愿的事情。

即使舞台催眠师想要使一些观众进入深度催眠状态，并让他们做出一些不正常的举动，也是因为受催眠者内心已经认可了催眠师，所以在潜意识里接受了催眠师的这一安排。

但是，在此必须要说明的是，一些催眠学家认为，这个问题实际上比看上去的要复杂得多。他们认为，通过对暗示进行重组再构就可以使其看起来与主体的意愿相一致，就可以使这个人做出一些在正常状态下不会做的举动。

永远保护着自己的潜意识

绝大多数的催眠学家认为，人们在催眠中无法被迫违背自己的信仰和道德观。只有你想要达到某种无意识行为的变化时，你才能达到这种变化。

潜意识是怎么工作的

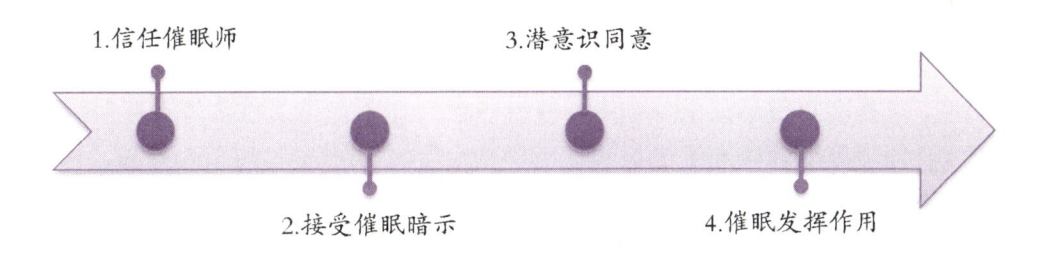

1. 信任催眠师
2. 接受催眠暗示
3. 潜意识同意
4. 催眠发挥作用

催眠时的潜意识

1. 在每个人的潜意识中都有一个坚守不移的任务，那就是保护自己。这个自我保护机制使人们不会因外界的引导和刺激而做出潜意识里并不认同的事情。

2. 对于企图进入潜意识获取信息的"坏人"，潜意识会严加防范。这是一种自我保护机制。
即使是在催眠状态中，人的潜意识也会像一个忠诚的卫士一样异常坚决地保护着自己。

16. 催眠的有效性：催眠是否对所有人适用

催眠疗法并不是对所有人都适用。比如对于一些患有特殊的心理疾病或精神疾病的患者，催眠师是不能对他们实施催眠的。另外一些患有特殊的生理疾病的人也是不能进行催眠的。因此，在进行催眠之前，需要事先与受催眠者本人及家属确认一下，对方是否有肉体上的疾病，或者是精神上的疾患。

另外，催眠中使用到的某些方法可能会对一些受催眠者造成心理伤害或者身体伤害。例如，催眠师对一个非常恐高的小孩暗示他现在躺在天空上的一朵云彩里，可能会吓得小孩全身痉挛；或者催眠师在不知道受催眠者有心脏病的情况下，对受催眠者施加本能运动一类的指令，进行剧烈的动态的催眠，可能会让受催眠者感到心脏无法承受这样的剧烈运动，从而导致严重后果。

因此，催眠师必须非常小心，在不了解受催眠者具体情况时，催眠师绝对不能想当然地对受催眠者施加一些可能对其造成伤害的暗示。另外，尽量不对受催眠者使用使其感觉恐怖的想象暗示。

如果不是非常必要，不要对患有精神分裂症的人进行催眠。因为催眠是暂时性地进入一个非现实世界的过程，也是一个进入自己内心深处的操作。因此，催眠可能使精神分裂症的症状恶化。即使是有这种因素但现在没有发病的人也有发病的危险。为预防这种事情发生，在事前面谈时问清楚并收集好信息是非常重要的。

有的人会在催眠过程中心情变得不好，这大多是由对催眠的恐惧引起的，一般是因为对催眠的误解。因此在事前面谈阶段，好好化解受试者的误解非常重要。平时就很容易紧张的人有时也会因为过于紧张而状态变差。因此在诱导其进行催眠状态前，做一些能够缓解紧张情绪的事情比较好。

催眠的另一种危险就是催眠师可能利用催眠做一些危及社会和他人利益的事情，这种情况在现实中出现的可能性是存在的。对一个催眠师来说，道德要求是非常高的。所以在做深度催眠时，催眠师一般会要求有第三者在场。在首次催眠时，特别是对女生，也要求有第三者在场。

催眠到底有没有副作用

催眠本身没有副作用，所谓的副作用几乎全部来自于催眠师的错误操作。如果你想进行催眠治疗，一定要选择一个责任心强、有经验的催眠师。

催眠之后我似乎有点头晕，该怎么办呢？

生理反应：有些催眠师因为自身经验不足或技艺不精。可能会忘记施加一些必需的暗示。导致受催眠者在被唤醒后有迷茫、头昏、四肢乏力、头重脚轻等不良生理反应。

因病施治：另外，催眠和中医有一点是很相似的，催眠也讲求因病施治。对不同对象，在不同阶段，针对不同反应，会制定不同的治疗方案。但如果没有仔细分析来访者的具体情况。就会容易出现一些问题。

用的方法和我的不一样呢！

说明：我们都知道不能因噎废食，对于催眠可能发生的副作用，也应该这么看。催眠的副作用并不像药物的副作用一样不可避免，但即使出现副作用，也有办法来补救和解决。

17. 前世回忆：只是一种催眠治疗方法

我们真的有前世今生吗？人们在被催眠以后，真的能回忆起前世的生活吗？

目前在国外有很多机构在关注和研究前世催眠，甚至有些大学专门成立超心理学系，研究前世、心灵感应等神秘话题。

国外曾有报告提到，人们在被催眠以后，能够回忆起"前世"的生活。在某些大众性的刊物中，有作者曾经提出这个问题，但是科学家们普遍表示很难接受"催眠能够让人回忆起前世"的这种观点。

如果我们承认在催眠状态下能回忆起"前世"的生活，就必须接受"人有前世"的观点。许多人在催眠状态下似乎真的"回想"起了"前世"的生活，而且他们对此也深信不疑。如何解释这种现象呢？能够回忆"前生"的人具有极好的催眠易感性，当催眠师暗示他们能回忆"前生"时，他们就按照催眠师的指令，想象出"前世"的生活，并且相信自己曾经就是那样生活的。

研究报告指出，受催眠者能够叙述那样详细的故事，除非他真正经历过那样的生活，否则是不可能讲得出来的。人们做了大量的实验，来验证受催眠者所讲的故事的真实性。只不过，受催眠者虽然能够回忆在被催眠之前不曾知晓的事情，但是这些并不能证明就是前世的生活。事实上，他们叙说的仍然是他们在现世生活中所了解的一些事情，可能只是他们很长时间没有想过这些事情而已。

此外，催眠也不一定是促使他们回忆这些事情的直接原因，其真正的原因可能是催眠时间的长短以及催眠师的暗示。催眠的作用或许只是使那些具有良好易感性的人相信自己确曾有过这样的"前世生活"。

而当受催眠者相信有"前世"时，就形成了一个基本框架：真实的记忆与杜撰的回想皆能在此框架上组合起来。可以说，他们回忆的信息是准确的，但不完全是自己真正的经历，其中有一部分是来自于书本、电视等各种媒介；还有一部分则极有可能是杜撰的，这就像在法庭上有些被催眠了的证人所回忆的材料大多是杜撰的一样，只是他们的一种想象，实际上并不存在。

如何看待前世催眠

很多人对前世催眠感兴趣,那么,前世催眠是怎么出现的呢?为什么有些催眠师自己不相信前世,却也会对受催眠者进行前世催眠呢?

前世记忆是怎么出现的

心理学家认为人类的记忆机制是一种再创造的过程。没有完全客观精确的回忆,有些人甚至会随着内在的期待与需求,杜撰出栩栩如生的虚假记忆。但这些不妨碍其解决问题的有效性。

> 20年前,我曾和章鱼坐UFO去火星玩……

为什么使用前世催眠

催眠师对前世催眠的看法不尽相同。很多催眠师并不相信有什么前世,但他们有时也会使用前世催眠,甚至设法让受催眠者相信前世,这是因为有时前世催眠对受催眠者解除困扰有很好的效果。

何时采用
对身心健康有益的方法和技巧,不必过于关注其是否符合科学,对于适合的患者果断使用。

何时不采用
对身心健康无益、不实用甚至有害的方法和技巧,即使符合科学依据,也应该果断摒弃。

本章您学到了什么?

不妨写下来吧!

记录日期:

第二章 了解一点催眠的历史

18. 魔法和咒语：原始时代的催眠应用
19. 扶乩与打坐：古代文明中的催眠现象
20. 国王的力量：皮拉斯的脚趾头能治病
21. 神奇驱魔术：伽斯纳的精彩表演
22. 麦斯麦术：法国政府买不来的动物磁流
23. 磁性睡眠：法国侯爵与催眠疗法的起源
24. 催眠的命名：布雷德医生的创意发明
25. 来自暗示：两大学派论战的正确结论
26. 精神分析：弗洛伊德与癔症患者
27. 自我暗示：库埃对自我催眠的贡献
28. 催眠的革命：艾瑞克森的创造性催眠
29. 医学界的支持：英国美国医学会的认可

18. 魔法和咒语：原始时代的催眠应用

在很多鬼怪题材的港台影视剧里，常常可以看到法力高深的道士们为拯救被僵尸或恶鬼纠缠的凡人，用朱砂在黄裱纸上画上奇怪的符号，然后贴在僵尸或恶鬼的额头上，便可将它们镇住。也常常看到道士们大摆道场，手持桃木剑，口中念念有词，在道场上捉鬼降妖。

妖魔鬼怪当然不会是真的，但是对于魔法和咒语，我们却不能就这么简单地否定。从古至今，世界各地有许多民族或地区的人如美洲印地安人、澳洲原住民、非洲土著人、新几内亚原住民等，都曾经使用过或仍在使用魔法和咒语来治病。这套治病方法实际上是一种没有副作用的自然疗法——催眠疗法，它们的使用方式与影视剧里的道士驱鬼降妖的方式如出一辙。

早在遥远的原始社会，人们就已经开始了对催眠的应用，或者说有了认识的萌芽。现在的我们似乎无从知晓原始时代的人们如何使用魔法和咒语，但科学家们通过参照以上几种和原始社会相似的土著人在"魔法"和"咒语"上的应用，大致推测出了原始时代的人们使用魔法和咒语的方式。

在这些土著文化里，人们认为一些奇怪疾病是鬼怪作祟、已故的祖先附身或触犯了神灵引起的，因此他们通过举行各种各样繁琐复杂的魔法仪式驱走患者身上的鬼怪，请附身的祖先离开或者乞求神灵的谅解。这种方法其实只是一种对患者强烈的心理暗示，其实质就是催眠。对一些特定的疾病，特别是由心理困扰产生的疾病，这种治疗方式非常有用。

有科学家曾深入现存的原始部落，观察过部落的巫师使用咒语治病的全过程，并作为病人体验过他们咒语的力量。但他并没有像部落里其他人那样感受到症状减轻，因为他并不相信巫师咒语的力量，他知道部落里的人之所以感受到咒语的力量，只是因为他们信任巫师，相信咒语，被巫师催眠了。

由此可见，魔法和咒语不能简单地用迷信来否定，其中确实有催眠原理的应用。原始时代的催眠应用一直流传到了现在，但由于各地区环境、地理、文化背景的不同，所产生的催眠方法与效果也不尽相同。虽然种类有千百种之多，但究其本质，仍是催眠的应用。

魔法和咒语的使用：神灵判决

我们不能简单地否定魔法和咒语。世界各地许多民族都曾在或仍在使用魔法和咒语，实际上它们很多都是催眠的应用。

1. 某原始部落到现在依然使用"神灵判决"裁判一个人是否犯罪。首先，巫师会在嫌疑犯面前用神秘仪式向神明祷告。

2. 随后，巫师会郑重其事地拿来一杯清水给嫌疑犯，告诉他水里已施加了神明咒语，真正犯罪的人喝下水后会失明。

3. 如果这个嫌疑犯真的犯了罪，在他喝下水后会真的失明，而无罪的嫌疑人喝了却是安然无恙。

4. 巫师不过实施了催眠暗示，而嫌疑人都相信他的暗示，真的罪犯就会在潜意识里让自己失明。

说明： 清水没有什么魔力，真正的魔力是巫师的神秘仪式产生了有效的催眠暗示，这也暗合了催眠原理。

19. 扶乩与打坐：古代文明中的催眠现象

现代心理学家认为，使催眠走上科学化道路的虽然是西欧，但是催眠术的发源地却是埃及、印度和中国。

当时埃及人似乎使用了一种医疗方法：当病人"入睡"时，或者至少是闭上双眼时，牧师讲话并把手放在病人身上，借助于语言来治疗病人，使其得到快速康复。这一技术在3000多年前就已得到应用。古代中国和印度也被认为使用过这种医疗方法。

在中国，有一种源远流长、至今仍时有出现的占卜形式叫做"扶乩"。具体做法是，在一根长约1米的圆棒中央放一根20厘米长的木棒，使之成为"丁"字形。横棒两端各由一人扶住，用竖棒的棒尖在装满沙子的沙盘上写字。扶棒的两人中以一人为主动者，另一人为助手。据参加过的人称：在这种情况下神与人便可沟通交流，上天的旨意通过持棒者的手书写下来。果然，持棒者于无意识之中写下了所要求得的答案，以及对未来的预测。

现代心理学已经揭示出它的奥秘，这是在无意识状态中所产生的一种叫做"自动书写"的现象。这种现象可以经过训练而产生。而在中度催眠状态下，则可能自行出现，唯一的条件是催眠师下一道指令。

美国催眠术权威莱斯利·勒克龙曾指出："自动写字可能是研究潜意识心灵，取得信息的理想途径。潜意识知道现在正在引起情绪障碍和心身疾病的原因，这正是我们想获得的信息。在人手自动书写中，可以对潜意识提问，答案会通过书写表示出来。有时潜意识甚至可能自动提供信息。"因此，在临床上，催眠师常常通过受催眠者的自动书写来窥探受催眠者意识不到的、隐藏在潜意识中的、形成其心理病变的关键因素。

印度婆罗门教中的一派所进行的"打坐"，就是一种自我催眠的方法。后来这种方法被引入佛教，成为尽人皆知的"坐禅"。与此相似的便是道教中的"胎息法"。这些自我催眠的方法都有助于修身养性与治疗疾病。

虽然我们不能草率地就把这些古代做法当成催眠，但是，这些例子却能够告诉我们，古代人也许已经认识到了大脑和想象力可以用于治疗疾病，催眠已经初露端倪了。

古罗马神庙里的自我催眠

现代心理学认为，催眠发源于埃及、印度和中国。同样，在古罗马也出现了似乎与催眠有关的记载。

> 只要虔诚，你就会看见神的。

1. 古罗马时期，虔诚的教徒常在神庙进行祈祷。他们常常坐在神庙里，凝视自己的肚脐，不久就会双眼闭合。进入恍惚状态。

> 神让我看见光明了！

导盲犬

2. 当时人们相信神会在梦里给人治病。传说一个盲人在神庙祈祷时睡着了，梦到天神用药草给他治疗眼睛，醒来后他便真的重见光明了。

> 我可以用催眠让你产生各种疾病。

解释：这种方法与催眠相似，只对心理原因造成的失明有效，对生理原因造成的失明无效，其本质就是催眠。

反之，在催眠中，催眠师同样可以暗示催眠者产生各种疾病症状，或使一些心理性疾病消失。

20. 国王的力量：皮拉斯的脚趾头能治病

古代西方曾经非常流行一种治疗身体疾病的方式，叫"御触"。那时的人们认为国王、皇帝天生就有一种神奇的力量，这种力量可以用来治愈疾病。治病的方法是国王碰触病人的身体，使病人感受到神奇的力量，这种力量便会治愈身体疾病。现在看来，所谓"御触"就是暗示的力量，本质上就是一种催眠。

最有名的"御触"当属古希腊的伊庇鲁斯王皮拉斯了。皮拉斯曾经与强大的罗马两次交战都取得胜利，并因此闻名。传说皮拉斯有一种非常不可思议的本领：他可以用脚趾头碰触患病的人而治愈其疾病。治愈疾病的方式非常简单：皮拉斯端坐在王位上，病人虔诚地匍匐于皮拉斯的脚下。皮拉斯用脚趾头碰触一下病人的身体，然后告诉病人可以回去了，他的疾病马上就会被治愈了。病人回去后便会感到疾病症状明显减轻甚至消失，认为自己的疾病真的被治愈了。

皮拉斯的"脚趾头治疗法"看上去和催眠有很多相似之处，这种治疗方法建立在病人的虔诚和对皮拉斯的信任之上。这种方法虽然不会是万能的，但却慢慢流传了下来。之后的历史记载中便有很多君主拥有这种近乎不可思议的神力。维斯巴西安和哈德良是罗马的两位皇帝，史料记载中，他们也以拥有同样的本领著称，只不过他们不是用脚触摸罢了。距离我们时代更近的英国国王忏悔王爱德华和其同时代的法国国王菲利普一世，都被传说拥有碰触治疗的本领。

这种碰触治疗其实就是一种暗示的强大力量，只有在病人对自己会被治愈有着强大的、深信不疑的信念时，这种信念就会反过来帮助病人的身体自行疗伤。对皇室、神职人员和其他显要人物可以碰触治疗的信仰，贯穿中世纪始末并一直延续至近代，英国立宪君主查理二世在统治期间甚至曾上千次使用"御触"给人治病。

这种想象力疗法的另一位拥护者是生于瑞士的医师、科学家和炼金学家帕拉赛索斯。他是倡导化学物质和矿物治疗的医学先驱者之一。同时，他也清醒地意识到了心灵的力量，将想象力称为治疗"工具"。

抚摩师格瑞特里克

17世纪的瓦伦丁·格瑞特里克是当时众所周知的"抚摩师",传说他拥有用双手治愈疾病的超凡本领,这与"御触"十分相似。

我有一双神奇的手,能做到手到病除!

1. 瓦伦丁·格瑞特里克那神奇的手在当时是远近闻名的,传说他只需要用手抚摸病人就能治愈一些疾病。这与"御触"是非常相似的。史料记载,他可以治愈淋巴结核和各种疣类疾病。

催眠室

伤口还疼吗?

似乎不疼了!

2. 有趣的是,在格瑞特里克的治疗过程中,一些病人感觉不到疼痛。与之相吻合的是,现代催眠中,一些患者在恍惚中也会丧失痛觉,感觉不到疼痛。

恍惚状态

3. 格瑞特里克是让病人进入了深深的恍惚状态。格瑞特里克的方法在当时受到了科学家的关注,他的方法实际上就是催眠了病人,并给了病人"疾病很快会痊愈"的心理暗示。

21. 神奇驱魔术：伽斯纳的精彩表演

伽斯纳是一位天主教神父，生活在欧洲的克劳斯特。这位来自瑞士的天主教牧师是一个有趣的人物，他曾在18世纪70年代因为高超的医疗本领而在欧洲大陆名噪一时。他认为几乎所有疾病都是因为"邪灵"附体引起的，要想让"邪灵"离开身体，就必须让患者暂时死去，之后再让患者复活。今天的我们很清楚这个观点是严重错误的，可是在那个时代，伽斯纳用他的方法确确实实治愈了很多患者，因此他的理论也得到了很多人的认同。

伽斯纳是一个很有表演天赋的人，他可以通过驱散患者体内的"邪灵"而达到治愈的目的。在广受欢迎的"表演"中，他身着长斗篷，手拿一个巨大的十字架，嘴里念叨着拉丁语的咒语。他告诉病人当他驱魔时，他们会倒在地上死去。一旦恶鬼被驱走，他们就会起死回生，疾病也消失得无影无踪。奇怪的是，疗效确实显著。

伽斯纳有间特殊的治疗室，那房间比较宽敞，室内陈设很少，仅有几把椅子靠在墙边，黑丝绒的窗帘将光线档在窗外，室内阴暗而宁静。在治疗时，病人静静地站在屋子中央，闭上眼睛，伽斯纳告诉病人，当他的十字架碰在病人的身体后，上帝会使病人立即倒地而死。就在病人死去的那段时间里，他能按照上帝的旨意来驱赶病人身上的病魔。待病魔离体后，病人就会复活并恢复健康。然后伽斯纳手持十字架绕着病人走动，突然以十字架触碰病人的身体，病人立刻倒地不再动弹，意识丧失。接着伽斯纳一边念咒语，一边用十字架轻拍病人身体，命令病魔离开。突然，伽斯纳一声喊叫，将十字架举起，表示病魔已经离去，病人马上睁开眼睛，活了过来，并恢复了健康。伽斯纳神奇的"驱魔术"在德国和奥地利引起了轰动，找他看病的人络绎不绝。

伽斯纳神父的医术是催眠术的先兆：先使患者进入恍惚状态，然后运用暗示力量使他们确信自己的疾病或者问题已经解决了。后来的催眠大师麦斯麦认为这位神父不知不觉间使用了动物磁流，但伽斯纳神父却相信自己是借助了上帝的力量驱除了恶鬼。

伽斯纳神父与威光暗示

伽斯纳把握了患者的心理期待，掌握了调节他人心理的技巧。这种技巧分别是从众效应和威光暗示。

伽斯纳为什么神奇

伽斯纳利用催眠治疗了病人，成为人们心目中的神医。这使他在治疗中可以使用威光暗示达到更好的疗效，同时因为人们的从众效应，他的名气也越来越大。

威光暗示与从众效应

威光暗示：人们对缺乏自信的事往往相信权威，这种现象在心理学上称为"威光暗示"。专家的威望越高，暗示作用越强。

从众效应：人们往往以自己所属集团的规范为依据，调节自己的行为。当人们觉得很多人都在这样做，就会产生信任感。从而引发跟从或追随的欲望。

22. 麦斯麦术：法国政府买不来的动物磁流

麦斯麦是催眠史上最重要的人物之一，1734年出生于靠近今天德国和瑞士交界处的康士坦茨湖畔。虽然麦斯麦一生曾通过催眠给无数人治病，但他却从未理解过心灵的真正力量，他认为那是一种被称为"动物磁流"的东西在起作用。虽然他的理论被认为是错误的，但是他的人格魅力及其催眠方法、催眠疗效都极大地鼓励了后来的催眠爱好者们。正是因为后来者在他的基础上孜孜不倦地探索，人们终于发现了催眠的真正原理。

1765年，麦斯麦从维也纳医学院毕业后开始从医。某一次治疗中，他发现一个身患神经紧张病的病人对常规治疗毫无反应，好奇心大作的他决定试用一种类似催眠的非正统治疗方法。他让病人喝下含有铁的液体，然后把磁铁附着在她的身体上。在几个疗程后，病人重获健康。

麦斯麦认为自己发现了磁性的力量。他认为，人体内存在一种磁流维持着动态平衡。人之所以生病，是因为磁流不畅，活动失去平衡。只有运用磁疗法，才能使磁流正常运行。麦斯麦还认为，磁流较强的人可通过抚摸患者或者通过磁屑、铁棒等将磁流传递给患者，直接以自身强健的磁流来纠正病人体内磁流的非正常状态，使磁流平衡运作，从而消除病情，恢复健康。在磁流传递过程中，患者会经历一次危象和数次痉挛。

麦斯麦认为他自己就是一个磁流非常强的人，他以麦斯麦术对大量病人进行了治疗，使许多病人恢复了健康。尤其是一些疑难病症，通过麦斯麦之手，居然也手到病除。麦斯麦治病的神奇效应，还使人们产生了这样的印象，即催眠是一个人的神奇力量影响了另一个人。一些相信动物磁流理论的人，深信麦斯麦具有非凡的磁流，而更多的人则迷信着麦斯麦，认为他的精神具有超常的效应。

麦斯麦声誉达到巅峰时，法国政府一度想用重金将麦斯麦术买下用以治疗，但被麦斯麦拒绝。法国科学界对麦斯麦的理论并不信服，后来专门成立了一个委员会调查动物磁流学说，最后得出了"动物磁流纯粹胡说"的结论。从此麦斯麦遭到了科学界的唾弃，后半生默默无闻。

麦斯麦磁力论的错误与意义

麦斯麦是催眠史上最重要的人之一，他一生曾通过催眠给无数人治病。他从未理解过心灵的真正力量，但这并不妨碍他在催眠史上的地位。

> 麦斯麦是错误的。

1. 法国科学家证明了麦斯麦"磁力论"的错误。科学家告诉一位病人自己正被门后使用麦斯麦术的医生通磁，女病人很快进入危象状态，实际上门后没有人。

> 都是白开水，没通磁。

2. 另一实验中，科学家准备了几杯未通磁的水，告诉病人其中一杯被通磁。病人挑了一杯喝下去却体验到了危象。由此科学家认为不存在动物磁力。

> 磁铁只是道具，换成稻草也行，只要你相信它有效果。

3. 麦斯麦的遗产主要在于他能利用催眠暗示治疗疾病。磁铁本身是没有效果的，但能帮病人全神贯注地接受暗示，相信自己会痊愈，这才是疗效的原因。

23. 磁性睡眠：法国侯爵与催眠疗法的起源

麦斯麦去世后，支持动物磁流学说的人在一些地方依然存在，甚至有一些狂热的支持者不顾他人的怀疑目光，不断地进行着新的探索，其中最为重要的当属一位法国贵族地主普赛格侯爵阿尔曼德。这位侯爵发现了催眠性恍惚，并将其命名为"磁性睡眠"。

这位侯爵曾经短期学习过麦斯麦的疗法，并在周围的工人、农民身上进行了试验。他曾为住在附近的农民们施以磁气疗法。某一天他给一个牧羊人进行麦斯麦术时，发现对方并没有像其他患者那样陷入痉挛状态，而是不知什么时候睡着了。不管惊讶的侯爵怎么叫他，牧羊人还是睡着。更令侯爵吃惊的是，侯爵一旦说话，牧羊人就会按他说的站起来或走动，而且仍处于"睡眠状态"。

这正是我们通常所说的催眠状态，而且是催眠程度相当深的梦游催眠状态。侯爵显然是发现了催眠性恍惚，他没有意料到会有此发现，因为作为麦斯麦的忠实信徒，他相信患者会经历一次危象和数次痉挛。侯爵称这种恍惚状态为梦游，或者为了对麦斯麦表示尊重，他称之为"磁性睡眠"。然而这位麦斯麦的学生很快开始怀疑磁流理论，他重点强调了两项重要的心理素质：意念和信仰。他认为同时拥有这两种素质的治疗者就会获得成功。侯爵的另一项贡献是，当病人处于恍惚状态时，他与其对话并对疾病进行治疗暗示，是后来催眠疗法的起源。

在这位侯爵公布自己的发现之后，其他磁力说的实践者也纷纷发现自己可以诱导进入恍惚状态，而且还发现了现代催眠中的其他状态，譬如肢体僵硬症和健忘症。虽然普赛格侯爵直到今天还不为人熟知，但他是催眠发展史上当之无愧的无名英雄。

随着磁力学说渐渐传播开来，关于心理和大脑在催眠中起到的作用越来越受到重视。葡萄牙神父法里亚进一步将其发扬光大，他发明了一种通过凝视手指而进行催眠诱导的方法，这种方法被之后的催眠师广泛应用。他还强调了催眠性恍惚的重要性在于心灵对暗示的接受能力强，这也是现代催眠学说的一个关键特点。

从格瑞特里克到普赛格侯爵

麦斯麦去世后，法国贵族普赛格侯爵、葡萄牙神父法里亚等人在其基础上对催眠进行了研究，发展出很多理论和实际操作方法。从格瑞特里克的抚摸到普赛格侯爵的发现，催眠术有了很大的发展。

格瑞特里克

解释：通过自己神奇的双手抚摸，可以为患者治愈疾病。

道具：双手

方法：抚摸患处治病，暗示对方不再感觉到疼痛。

影响：最早使病人丧失痛觉、进入恍惚状态的记录。

伽斯纳神父

解释：疾病由恶灵引起，除掉才能治病，消灭恶灵需要死去后再重生。

道具：大十字架

方法：使用驱魔术使患者死而复生，驱走附在患者身上的恶灵。

影响：使用到一些与现代催眠类似的操作手段。

麦斯麦

解释：运用磁疗法能使磁流正常运行，消除病情。

道具：磁铁、铁屑

方法：通过磁流的传递，使患者的磁流变得正常，获得健康。

影响：能够制造恍惚状态，使用暗示的力量，使病人获得健康。

普赛格侯爵

解释：运用磁疗法能使磁流正常运行，消除病情。

道具：磁铁、铁屑

方法：通过磁流的传递，使患者的磁流变得正常，获得健康。

影响：发现恍惚状态，强调意念和信仰的力量，开始利用恍惚状态治疗疾病。

24. 催眠的命名：布雷德医生的创意发明

麦斯麦可以说是催眠史上最为瞩目的名字，但是被称为催眠之父的却不是他，而是詹姆斯·布雷德。布雷德是一位苏格兰医师，他具备了麦斯麦所不具备的一切：头脑冷静，实事求是，进行系统化科学研究，不为表演技巧或夸大其词所动摇。布雷德非常清楚催眠是什么以及不是什么。他反对麦斯麦的磁流学说，认清了催眠的心理本质。他的一个不朽成就是发明了"催眠术（hypnosis）"的固定说法，该名得自于希腊睡眠之神海普诺思（Hypnos）。不过他后来认识到使用这个意思为"睡眠"的字眼并不是最恰如其分的选择。

1841 年，在英国的曼彻斯特工作的布雷德偶然观看了法国麦斯麦术师拉封丹纳的表演，于是对催眠产生了浓厚兴趣。他起初半信半疑，但在后来与拉封丹纳及其同事的一次私人会面中，他看到拉封丹纳使其追随者陷入了深深的恍惚中，才终于相信其中确实存在着一些值得研究的东西。布雷德对麦斯麦术进行了两年试验，之后出版了一本有关催眠的专著，这本书中首次使用了术语"催眠术"（hypnotism）。

布雷德是第一位真正的现代催眠学家。他没有将这种现象与超自然联系起来；他不相信内在原因是动物磁性。他不像任何麦斯麦术师一样进行抚摸，而是让患者把注意力集中在一件物体上引发恍惚。他还清楚地认识到心灵的力量可以影响到身体，而且按照恍惚的不同程度加以区分。尽管布雷德是一位备受尊敬的医师，但他的催眠观点却没有在英语国度里被立即接受。不过后来，他的观点大大影响了催眠在一些国家的发展进程。

对催眠术命名的并不只有布雷德一人。麦斯麦术于 19 世纪 30 年代和 40 年代在美国盛行一时，美国的医师们很快吸纳了其中的一些思想，并发明了自己的技术并命名。最著名的美国先驱者之一拉·桑德兰德将其称为"pathetism"（催眠术）。汉语里"催眠"一词最早由日本学者翻译来，使用的便是汉字"催眠"二字，后来被翻译为中文时一字不改地沿用了下来。

"催眠"的争议与传播

布雷德发明了"催眠术（Hypnosis）"这个名字，该名得自希腊睡眠之神海普诺斯（Hypnos）。汉语里的"催眠"则是最早由日本文章翻译来的。

1. 汉字"催眠"和英文"Hypnosis"的字面意思都与睡眠相关，很容易让人产生误解：催眠就是催人入眠。因此，人们一直努力想用一个更合适、更精准的词语来替代它。

2. 英语世界的人们曾提出很多术语想来取代Hypnosis，但都没有起到多大作用。"催眠"一词也已成为汉语文化圈的习惯用语，而习惯用语要改起来是非常困难的。

3. 和催眠本身一样，催眠的名字面临了许多尴尬，它总是被人误会，被蒙上朦胧的面纱，似乎暗示了人类对于神秘的心灵世界一种渴望看清楚又无力掌握的困窘。

25. 来自暗示：两大学派论战的正确结论

1860年，一位名叫赖波的医生对布雷德一篇关于催眠的论文深感兴趣，他亲手试验了布雷德论文中描述的催眠方法，并意外发现，甚至不让患者凝视某件物体，他也可以成功地将患者导入恍惚状态，并借助于暗示力量治愈疾病。

为了将自己的发现公之于众，赖波出版了一本书，南希大学的一位知名医学教授希波列特·伯明翰得知了赖波的观点并被深深吸引。他将一个病情严重的病人交给赖波，本来是想证实赖波是个骗子，结果却恰恰相反：他对赖波治愈病人坐骨神经痛的医术大为赞叹，盛情邀请赖波到大学里与他一起工作，二人一起成为催眠学"南希学派"的创始人。他们相信催眠更加倾向于心理反应，而非生理，暗示的力量至关重要。二人还坚信在医生与患者之间建立亲和关系非常重要，这与很多现代催眠学家的观点不谋而合。由于伯明翰德高望重，催眠学的威望也与日俱增。

影响更大的是当时的医学泰斗夏柯特对催眠学的接纳，他被催眠深深吸引，并在患者身上加以应用。他的这一举动使催眠最终被接纳为一个严肃的研究课题。不过，夏柯特的催眠观点与南希学派及大多数现代观点完全不一样，他认为催眠是歇斯底里症的一种形式，在有些情况下催眠疗法甚至会带来危险。

伯明翰、赖波带领的南希学派和夏柯特带领的巴黎学派就催眠的真正本质苦苦相争。最终南希学派占了上风，其影响深入到20世纪。

南希学派和巴黎学派僵持不下的问题中，有一个是：人们在恍惚状态中能否被游说做违背自己意愿的事情。伯明翰认为被实施催眠的对象会顺其自然地成为一个机器人，完全依从催眠师的指挥；巴黎学派则坚持认为人们在催眠状态中不会丧失本性，只是会沉迷于演戏之中。

其实，从现代对催眠术的研究来看，大多数催眠学家认为，人们在催眠中无法被迫违背自己的本质信仰和道德观说话或做事。只有你想要达到无意识行为的一种变化时，你才能达到这种变化。也就是说，如果你不想达到那种变化或者做出那种行为，那么反映你真实想法的潜意识就不会要求你去做。

两大学派的有趣实验

两大学派的观点差异

恍惚状态中的人会不会做违背自己意愿的事？
- **南希学派**
  被实施催眠的对象会顺其自然地成为机器人，完全依从催眠师指挥。
- **巴黎学派**
  人们在催眠状态中不会丧失本性，只是沉迷演戏。

两个实验的不同结果

1. 伯明翰将患者催眠。建议他用刀杀死房间里的一个假想敌，患者果然用纸做的匕首刺杀了他。

   都是伯明翰指使我干的。

2. 后来当他在恍惚中被问及自己的所作所为以及杀人动机时，他回答说是受伯明翰的指使。

3. 巴黎学派做了类似实验。一个女子在恍惚状态下"杀害"了众多的假想敌，但建议她脱衣服时，她拒绝了。

   你们都是流氓！
   脱衣衣！
   脱衣衣！

26. 精神分析：弗洛伊德与癔症患者

众所周知，西格蒙德·弗洛伊德是现代心理学发展史上影响最为深远的人物，但是很少有人知道，这位精神分析的创始人在事业早期曾经是催眠学的倡导者。

弗洛伊德是一位奥地利医师，他在19世纪80年代在巴黎学医时便开始接触催眠，当时将催眠介绍给他的正是他的导师夏柯特。事实上，弗洛伊德在几年前便对催眠产生了兴趣。当时他在维也纳学医，碰巧观看了备受赞誉的丹麦舞台催眠师卡尔·汉森的表演。后来他写道，他在催眠秀中的亲眼所见"使他坚信了催眠现象的真实性"。

师从夏柯特数年后，弗洛伊德成为催眠的公开拥护者，并在治疗中加以运用。他对病人使用直接暗示，有时将双手按在病人的头部。他还与同样身为科学家的朋友布洛伊尔合作，对病人实施催眠疗法。二人最为著名的病例是对一名叫做安娜的少女的治疗。安娜患有当时被列为癔症的一系列症状，布洛伊尔发现，当她被催眠后，她可以将这些症状追溯到现实生活中并由此得到治愈。

弗洛伊德对大脑的隐秘部分——"潜意识"及其对人体的影响几近痴迷。催眠学理论正好帮助他进一步探索了这一课题。然而，19世纪90年代中期，他却抛弃了催眠学，代之以"自由联想疗法"，这种疗法有时也被称为"谈话疗法"。

据说，弗洛伊德认为催眠疗法是一种不稳定的疗法，在对患者进行成功的治疗后，过一段时间又容易复发，而且容易导致一些新的问题出现。他发现催眠中使用的暗示效果不能持久，同时他还担心患者会通过将自身的强烈情感移到治疗者身上，而对后者产生过度的依赖感，这一过程在弗洛伊德的精神分析理论里被称为"移情"。

不管怎样，弗洛伊德的选择转变对当时催眠学的发展可谓是毁灭性的一击。作为20世纪影响最为深远的人物之一，由于他对催眠学的摒弃，他的众多追随者们也十分自然地忽视了催眠学，从此很长时间内催眠又处于无人问津的状态。

弗洛伊德到底为什么放弃催眠

弗洛伊德在事业早期曾是催眠学的倡导者。他曾经积极学习催眠，表明自己是催眠的拥护者，并在治疗中加以运用。后来，他又放弃了催眠治疗。

弗洛伊德对催眠的质疑

1. **容易复发**：弗洛伊德认为患者进行催眠治疗后容易复发，甚至导致一些意想不到的新问题出现。

2. **过度依赖**：弗洛伊德认为催眠中使用的暗示效果不能持久，担心患者会通过将自身的情感移到治疗者身上，而对后者产生过度依赖。

他人对弗洛伊德的猜测

1. **不擅长催眠**：有一些批评者认为，弗洛伊德放弃使用催眠，是因为他并不十分擅长使用催眠术，担心它的疗效和副作用，因此才想出自己擅长的一项新技术：自由联想。

（其实我不擅长催眠。）

2. **不喜欢专断方式**：还有人认为，弗洛伊德对催眠的专断方式不满意：患者以一种极其直接的方式被告知自己将要进入睡眠状态。而在今天使用的则是间接的容许性的手段。

（我不喜欢催眠的专断方式。）

27. 自我暗示：库埃对自我催眠的贡献

进入 20 世纪后，催眠又有了一些新的发展，其中很重要的一个发展就是自我催眠。自我催眠打破了之前催眠只有催眠师在场进行语言暗示才能进行的状况，使得更多人可以更方便更快捷地进行催眠治疗。从此自我暗示与自我催眠的方法被提倡并确立下来。

最初，在法国的南锡，心理学家和药剂师埃米尔·库埃设计出了一种在觉醒状态下进行的自我暗示法，这种方法非常管用，为被疾病困扰的人们提供了一种有效的自我治疗的方法。他更是指出，无论是催眠还是自我催眠，其本质都是自我暗示，并在自己的诊所教授患者用自我暗示进行治疗的方法。

库埃创造性地想出了一句非常有名的暗示语：在每一方面，我都会一天比一天好！这句暗示语被他使用得十分频繁，他常常指导患者每天将这句暗示语重复很多次。他的方法看起来虽然很简单，只是不使用催眠的自我暗示法，还谈不上是真正的自我催眠，却为之后自我催眠法的诞生奠定了基础。库埃的理论或手法被称为库埃法，与他同时从事自我暗示研究的人们被称为新南希学派。

1932 年，在库埃已经去世 7 年之后，柏林大学教授舒尔茨开发出了自律训练法。舒尔茨曾经问从催眠状态醒来的实验对象，催眠过程中感觉到什么。结果，许多实验对象列举了"四肢变得沉重，变得温暖""身体变得温暖""呼吸轻松"等感受。因此，舒尔茨认为：既然这些感觉是由自我暗示引发的，那么即使不依赖他人，应该也能够进入催眠状态。由此，他开发出了一种由六种暗示组成的标准练习，叫做"自律训练法"。自律训练法是现在最受欢迎的自我催眠法，它作为一种有效方法被活用于身心医学领域。

目前，有关自我催眠的书籍、光盘随处可见，自我催眠在很多方面都得到了大范围的应用。通过不断的探索和研究，人们发现日常生活中早已应用到了自我催眠暗示，各种宗教仪式、印度瑜伽、中国气功等都是以不同的方式实施的自我催眠。

库埃的自我催眠治疗

进入20世纪后，催眠有了新的发展，这就是自我催眠。通过自我催眠，每个人都可以做自己的催眠师，更方便快捷地进行催眠治疗。

所有催眠都是自我暗示

库埃设计出了一种自我暗示法，可以在觉醒状态下进行。他指出，催眠和自我催眠虽然看上去大不相同，本质上都是自我暗示。

自我催眠 ➡ 自我暗示 ⬅ 催眠

自我催眠治疗头痛

1. 库埃的治病方法就是重复暗示和自我暗示。不用药物，50%的头痛会消失。每天早晨起床时必须重复："在每一个方面。我都会一天比一天好！"两到三周，头痛就会消失。

在每一个方面，一天比一天好！

根本没有头疼这回事。

2. 这些消失的头痛症状大部分是心理因素造成的，因为患者的头痛是由语言创造出的。其本质和麦斯麦一样，只不过库埃让患者自己创造出没病的感觉，而麦斯麦给人创造出没病的感觉。这就是自我催眠与催眠的区别。

让我来给你治病！

让我来教你给自己治病！

28. 催眠的革命：艾瑞克森的创造性催眠

1923年的一次讲座上，一位年轻的心理学学生对催眠术的演示大为着迷，这名学生就是后来在催眠学界大名鼎鼎的米尔顿·艾瑞克森。从此开始，他踏上了研究催眠的征程，最终成为了美国催眠学界的泰斗。艾瑞克森的催眠诱导方法和治疗方法非常富有创造性，甚至可以说他的治疗方法是催眠概念的革命。

艾瑞克森出身贫寒，在他的一生中的大部分时间里，他都在与疾病作斗争，但他却出类拔萃，极具人格魅力。他一直把催眠术用做治疗工具，他最为重要的观点之一是：潜意识是自我治愈的无比强大的工具。他认为在每个人体内都蕴藏着自我帮助、自我修复的能力。他对催眠的最大贡献是研发了诱导恍惚和对无意识大脑进行暗示的有效新技巧。

在他之前，催眠的诱导方法比较单一和教条，接受催眠的患者只是被告知自己感到困倦，将要进入恍惚状态。艾瑞克森没有完全摒除这一方法，但他主张治疗师可以根据患者个体的个性和需要，对催眠手法加以调整。他研发了被称作"间接催眠"或"容许性催眠"的技巧，通过运用语言使患者融入到双向过程中去，他们会有效地将自己导入恍惚状态。其中一个著名手法是混乱技术，即：通过在混杂的句子中使用毫无意义的词语使有意识的头脑发生涣散，继而使患者进入恍惚状态。

艾瑞克森还在催眠中使用隐喻和讲故事的手法，对他来说，语言的想象性使用非常重要。他总是在治疗手法上极为创新，并且相信几乎每个人都可以被催眠。艾瑞克森写下了大量催眠著作，但成为他永久性遗产的仍然是这一实用而创新的催眠疗法。当今的许多催眠师都从他的著作中得到了启发。

艾瑞克森研究中的重要概念之一是"利用"，意思是：不管是患者表现出来的东西，还是本身就有的东西，任何东西都能利用起来，就连患者的兴趣、喜好、信念、行动特征，以及心理上的抵抗和症状都巧妙地被利用起来进行催眠诱导，这些都成为了治疗的基础。为与之前的传统催眠区分开，他的催眠技法被称为"艾瑞克森式催眠"。

艾瑞克森的催眠治疗

艾瑞克森的催眠诱导方法和治疗方法富有创造性，称得上是催眠概念的革命。他对催眠术的最大贡献是研发了诱导恍惚和对无意识大脑进行暗示的有效新技巧。

1. 艾瑞克森能更好地观察和理解病人的反应。据说一个美国医学学会成员要没收他的行医执照，结果被他催眠后允许他继续行医。

2. 艾瑞克森甚至能一边说着话，一边毫不费力地使对方进入恍惚状态，不需要像传统的催眠那样严格按照操作来进行。

3. 传统催眠采用直接暗示进行诱导，有时会遇到受催眠者心理上的抵抗。艾瑞克森的诱导则显得非常自然。很少遇到对方的心理抵抗。

29. 医学界的支持：英国美国医学会的认可

21世纪来临时，催眠已经走过了漫长的发展道路。它最初起源于麦斯麦的动物磁流学说，前景并不被看好，而如今催眠学已正式成为一个合法的科学研究领域，还是一个宝贵的治疗工具。然而仍然有很多人半信半疑。过去与催眠相关的很多错误观念依然在人们的脑海里发挥着消极作用，他们认为催眠与超自然崇拜有关，或者只是骗局，又或者只是为了娱乐——在催眠高速发展的今天，很多人依然持有这样的观点。

造成这种情况的部分原因是社会上各种媒体形式对催眠的报道和描绘；还有部分原因应归咎于一些催眠术的不当使用者，他们将催眠术用于不可告人的目的，比如学习怎样催眠异性。这些可疑用途使人们对催眠的偏见更加根深蒂固。

一些人不愿将催眠看作一个严肃课题的另一原因是，科学家们还不能充分解释其作用机制。就连学术界还在对催眠的性质甚至其真实性争论不休，那么大众感到迷惑也就大可以原谅了。

值得庆幸的是，催眠正稳步赢得医学界的认可和接纳。1955年，英国医学学会发表声明称催眠是一个有效的医疗工具，可用于治疗精神神经病、缓解病痛。之后，美国也做了同样的声明。同时，美国和其他地方的众多医院也纷纷开始使用催眠缓解病人疼痛，并借此帮助病人适应其他治疗方法，比如化学疗法。

随着催眠逐渐被认可和接纳，催眠治疗师和临床催眠师的培训和认证开始进入非常混乱的境地。目前在催眠师培训这一块，法律监管比较缺乏，尽管目前很多国家制订了有关法规，但因为没有严格的培训标准和适合的管理监督做后盾，目前的许可证无法保证培训质量。

另外，一些最好的从业人员也只是"外行催眠师"，他们经验丰富，但可能从未接受过正式培训；一些最好的催眠治疗师曾是舞台催眠师，他们可能并不拥有社会公认的从医资格。

这些不理想的状况在逐渐得到改善，关于催眠的研究也在继续深入到催眠本身。而只有当我们对催眠的真正性质了解得更加完善时，社会对催眠的接受度才会随之提高。

催眠发展的现状

二战后，催眠学会在欧美各国成立，利用催眠进行治疗和临床研究开始盛行，最终得到医学会的认可。

人们对催眠的看法

1. 在医学界，最开始只有很少一部分医生接受催眠疗法，大部分医生都认为催眠是不科学、不严谨的戏法，不能为医学界所接纳。

2. 目前，催眠已在很多国家成为合法的、宝贵的治疗工具，然而仍有很多人对催眠有顾虑。他们担心催眠会被人用于不可告人的目的。

催眠目前存在的问题

1. 各国催眠师培训和认证比较混乱。
2. 用于约束和规范行业认证的法律法规尚不健全。
3. 有关催眠现象本身的研究尚未取得更大进展。
4. 社会对催眠的接受程度有待提高。

本章你学到了什么?

不妨写下来吧!

记录日期:

第三章 掌握催眠其实很简单

30. 催眠师的要求：你有潜力成为催眠师吗
31. 催眠地点：在哪里都能被催眠吗
32. 相互沟通：催眠师的准备工作
33. 手臂升降测试：测试催眠敏感度
34. 催眠诱导：进入催眠状态的重要环节
35. 凝视法：最简单的催眠诱导
36. 直接诱导：由测试直接导入催眠状态
37. 混淆诱导法：不容易被催眠时的办法
38. 深化催眠：催眠诱导后要做的事
39. 深呼吸法：催眠中的万能方法
40. 身体摇动法：催眠状态深化的方法
41. 催眠唤醒：结束受催眠者的催眠状态
42. 言语暗示：心理学的常用方法
43. 最后的暗示：催眠唤醒的注意事项
44. 树立榜样：提高催眠成功率的方法
45. 持续催眠：将催眠效果发挥到极致

30. 催眠师的要求：你有潜力成为催眠师吗

催眠师是催眠活动的主导者。催眠能否成功，能否产生良好的"催眠效果"，主要取决于催眠师的素质和催眠技术的运用。不是谁都能成为催眠师，要想成为一名合格的催眠师，以下条件是必须具备的：

良好的道德品质。催眠过程中，当受催眠者进入催眠状态后，基本上处于一种被催眠师操纵的状态中，受催眠者失去了一定的自主性。此时对催眠师的道德品质要求相当高。催眠师对受催眠者要有高度的责任感和爱心，不仅要认真负责地给受催眠者治病，而且要绝对尊重受催眠者的人格尊严和保障其人身权利不受侵害。否则就违背了催眠工作者的职业道德和最起码的良知，甚至可能会触犯法律。

良好的心理素质。催眠治疗是一个特殊的治疗过程，它不但要求催眠师应具有良好的道德品质，而且要求催眠师有良好的心理素质，如足够的自信和耐心、良好的抗干扰和心理承受能力、适度的持久性和坚定性等。

高超的职业技能。催眠术是一种特殊技术，催眠治疗又是一种复杂特殊的心理治疗，这种医患关系是一个双向的心理互动过程，而意识活动是治病的载体或介质。换句话说，它不同于躯体疾病要靠药物或手术等来治疗，也不受患者主观意志的影响和支配。催眠过程始终都有患者的意识参与，是一个复杂的、主观性很强的动态过程。这就要求催眠师必须具有高超的技能，熟练掌握催眠技术和掌控催眠治疗的全过程。

身体健康、仪表端正。在催眠过程中，催眠师需要付出长久的努力才能取得成功，没有健康的身体显然难以胜任工作；催眠能否成功，最基础的条件之一是受催眠者能在心理上接纳催眠师。因而对催眠师而言，外表端庄，衣着整洁，没有令人难闻的体味是必需的。

谨慎的职业行为。催眠疗法是心理治疗的一种手段，不是所有心理问题都要做催眠，能通过心理咨询和其他方法解决的问题，就可以不做催眠。催眠不能包治百病，要慎重选择。同时催眠也不应随便传授，对求学者的人品应做认真考查，以免被别有用心的人利用。

成为催眠师的条件

如果要想成为催眠师，你必须满足几个催眠师必备的条件。另外，如果你本身就具有某些形象特征，对于你成为催眠师就更加有利。

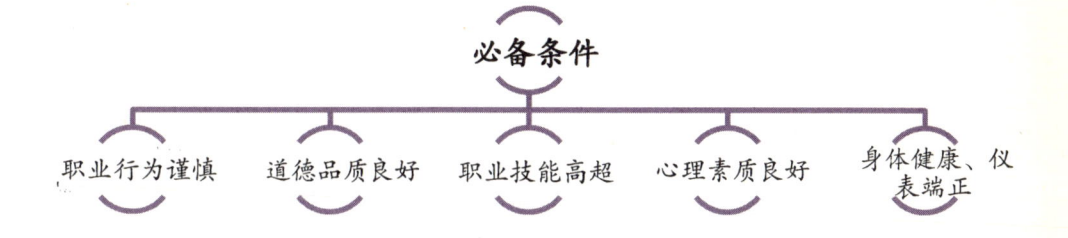

必备条件

- 职业行为谨慎
- 道德品质良好
- 职业技能高超
- 心理素质良好
- 身体健康、仪表端正

催眠师的其他形象特征

1. 形象良好：给人形象健康、积极向上的感觉，才能让受催眠者更信任。

2. 高度自信：能够以居高临下的姿态对受催眠者进行有说服力的诱导。

（气泡："我是最厉害的催眠师。"）

3. 表情温和：相貌严肃的人往往使人产生戒心。

4. 声音低沉浑厚：低沉浑厚的声音对进行催眠暗示更有利。

31. 催眠地点：在哪里都能被催眠吗

催眠是不是在哪儿都可以进行呢？当然不是，催眠的过程需要专门的房间。如果有设备齐全的催眠室，当然是最好不过了，但是一般情况下，这样的条件是望尘莫及的。那么，就需要尽量利用普通的房间，开辟出一个类似于催眠室的专门的房间来进行。下面就告诉大家怎样尽量地利用普通的房屋达到和催眠室一样的效果。

（1）房屋的大小：房间太大了，会使人有精神散漫和空虚的感觉，容易使人分散注意力，而如果太小的话，则又容易使受催眠者产生一种压迫感，一般10平方米左右是最为合适的。

（2）室内照明：如果有强烈的阳光射入室内，或者有故障的灯管一闪一灭，这都是不合适的。另外，直接照明也不好，以柔和的灯光间接照明是最合适的。

（3）声音、气味：要避免人群的喧闹声、楼道走步声、水管流水声，不要让噪音进入房间，最好用较厚一些的窗帘。还要避免电视、空调、电扇、换气扇等家用电器的声音。

（4）室温：室温不宜过冷或过热，以受催眠者感觉舒适为最佳。

按照上述要求，简单制造这样的灯光比较好：挂上窗帘，防止阳光的直射，选择间接照明效果最好，让灯光照在白色的墙壁或窗帘上，而不是让灯光直接打在受催眠者身上。对于10平方米的房屋使用40W的灯就足够了。

关于气味，要避免放置有臭味或异味的东西，木材味、涂料味比较重的房屋尽量不要使用。关于椅子，尽量让受催眠者坐着舒适些，也要尽量避免金属椅子，因为金属椅子会发出声响，所以不适用。另外，应注意尽量避免电风扇的风直接刺激到人的身体，以免引起感冒或风寒。

总而言之，就是要为受催眠者创造出一个尽量减少各种刺激、感觉舒适的环境。

催眠室的专业设计

催眠需要专门的房间，我们可以利用普通的房间，营造出一个类似于催眠室的环境。怎样利用普通的房屋达到和催眠室一样的效果呢？

催眠室的具体要求

1. 房屋大小

- 太大使人有散漫和空虚感，容易分散注意力，太小则容易产生压迫感。

2. 室内照明

- 以柔和的灯光间接照明是最合适的，灯光亮度应可调节。

照明：采用间接照明，具有色彩照明的效果，还要安装一些设备，以精细调节这些照明设施的亮度。

3. 声音气味

- 避免喧闹，不要让噪音进入房音。避免家用电电器的声音。避免异味。

4. 室内温度

- 室温不宜过冷或过热，以受催眠者感觉舒适为最佳。

防止噪音：催眠室要能让人平静下来，所以要一定程度上隔绝噪音，但不能完全隔绝，因为吸音太强不容易传递暗示。

32. 相互沟通：催眠师的准备工作

如果要顺利地实施催眠，并收到预期的良好效果，那么，在实施催眠之前，应当做好充分的准备工作。准备得是否充分，对于催眠师和受催眠者来说都很重要。催眠师在实施催眠之前应当对受催眠者做全面、详细的调查、交流和沟通，不论受催眠者是自愿还是被动地接受催眠治疗，催眠师都要根据其身体健康、心理素质、文化程度、社会背景、催眠敏感度的高低以及接受催眠术的动机、目的等，来实施催眠前的心理准备工作和确定相应的治疗方案。

一般来讲，实施催眠前，催眠师的准备工作如下：

首先，催眠师应当了解受催眠者接受催眠术的动机、目的、迫切性，以及受催眠者对于催眠的认识程度。这样就可以根据个人自身的具体情况来制定具体的方案。另外，还要了解受催眠者的个性特征以及他对自己心理障碍所了解的程度，然后经过催眠敏感度测试确定具体的催眠实施方案。不同的人有着不同的情况，不同的疾病有着不同的治疗方法，而且病情的不同阶段也有着不同的催眠方法，所以对于催眠语和治疗方案，催眠师不能墨守成规、千篇一律地进行制定。

其次，在实施催眠之前，催眠师应当根据受催眠者的文化程度、社会背景，向其介绍关于催眠的一般知识，消除其对接受催眠治疗的疑惑、忧虑以及对催眠的误解，使受催眠者能够理解催眠的真正定义，以及明白催眠师的努力是要设法帮助自己从长期的病痛折磨中摆脱出来。这样一来，后面催眠师与受催眠者的沟通将会进行得更加顺利。在实施催眠之前，受催眠者还应当进行必要的放松训练，只有彻底地消除顾虑，得到放松，受催眠者才有信心接受催眠，并与催眠师充分合作。

催眠治疗作为一种心理治疗，首先要帮助受催眠者抚平情绪、建立信心，这是最主要的。在此过程中，催眠师要使受催眠者感到他是在竭尽全力，最大限度地为其解除病痛，摆脱痛苦，带来健康。其次，催眠师要逐步取得受催眠者的信赖，只有具备良好的开端，才能为进一步的治疗奠定基础。

与受催眠者沟通的细节

要想顺利地实施催眠,并收到预期的良好效果,在催眠之前,催眠师需要做好充分的准备工作。各方面准备是否充分,对于催眠师和受催眠者来说都很重要。

与受催眠者沟通的顺序

1. 了解对方的动机目的 → 2. 了解对方的身体状况、心理素质 → 3. 了解对方的文化程度、社会背景 → 4. 测试对方的催眠敏感度及其他 → 5. 做好准备工作,确定治疗方案

与受催眠者沟通很重要

"欢迎你来感受催眠!"

"哈哈,真是太开心了。"

1. 无论哪种心理治疗都必须通过医患双方的交流完成,这是成功的重要保证。催眠师与受催眠者间的关系在治疗过程中起到桥梁、纽带的作用。

2. 临床证明,相互信任的亲密关系能明显减轻受催眠者的不安和焦虑,增强其信心。使其容易进入催眠状态。在实施催眠之前,催眠师应注意努力建立良好的医患关系。

"小伙子,你感觉放松一些了吗?"

33. 手臂升降测试：测试催眠敏感度

在对受催眠者进行催眠前，一般都需要进行催眠敏感度测试。在前面已经介绍过有关催眠敏感度的一些知识，在这里主要介绍一种常用的催眠敏感度测试的方法：手臂升降测试法。

手臂升降测试是一种常用的测试催眠敏感度的方法。进行测试前，应先教会受催眠者一些测试用的手势，即：双臂向前平伸，左手张开，掌心向上，右手轻轻地握成空拳，拇指向上竖起。

在教会受催眠者测试用的手势以后，请受催眠者关掉手机，去掉身体上的饰品、腰带、眼镜等。找个感觉舒服的地方站好，两臂自然地下垂。

手臂升降测试的步骤如下：

（1）引导受催眠者两腿分开自然站立，将身体放松，然后双臂向前平伸，左手掌心向上，右手轻轻地握成空拳，拇指向上竖起。

（2）引导受催眠者闭上眼睛，然后想象在自己左手的掌心上被放置了一个重物，在右手的拇指上拴上了一个大气球。

（3）引导受催眠者的左手不断下降，右手不断上升。

（4）经过一段时间以后，觉得受催眠者的双手已经有明显的位置变化了，就引导其睁开眼睛，看一下双手的位置变化。

（5）请受催眠者放下双臂，结束测试。

正面反应：受催眠者的双手移动得缓慢而有节奏，表示有很高的催眠敏感度。

负面反应：受催眠者的双手移动得太快，表示其可能有假动作；如果受催眠者的双手没有移动，表示其可能是在强烈抵抗，那么就请在沟通中寻找原因。

这个测验是非常重要的催眠敏感度测试方法。在催眠中，受催眠者的想象力对催眠的效果是有很大影响的。

手臂升降测试导入催眠状态

测试前，应教会受催眠者测试用的手势，然后请他关掉手机，去掉身体上的饰品、腰带、眼镜等。找个感觉舒服的地方站好，两臂自然下垂。以下是导入催眠状态使用的指导语：

1. 将双臂向前伸直，左手掌心向上，右手掌心向下。自然地闭上眼睛，全身都放松。想象眼睛凝视着鼻尖，保持深呼吸，放松。

2. 想象左手托着一盘水果，感到越来越沉重，正在慢慢往下降，同时想象右手拇指上绑着的一串气球逐渐向上浮，把右手往上拉。

3. 不断深呼吸，放松。随着每次吸气，你感到右手的气球增大了一倍，右手也越来越轻，越来越往上漂。随着每次吐气，你感觉左手那盘水果沉重了一倍，而左手也越来越往下降。

4. 现在你可以放下手臂，让整个身体放松，让手臂恢复到本来舒适的姿势。当手臂一放下来，你整个身体就完全放松了。松弛，让你进入深深的、舒适的催眠状态。

34. 催眠诱导：进入催眠状态的重要环节

催眠诱导就是指催眠师诱导受催眠者进入恍惚或催眠状态的过程，是实施催眠过程中最重要的一个环节，如果催眠师不能将受催眠者诱导进入催眠状态，那么，催眠的其他活动也就无从谈起了。催眠诱导环节的任务就是，催眠师运用一定的诱导技巧，让受催眠者进入催眠状态。

通过催眠诱导，催眠者可以使受催眠者被动地放松、反应性降低、注意范围变得狭窄、幻觉增强，而后受催眠者逐渐接受催眠师的暗示而进入催眠状态。催眠诱导的方法有很多，凡是能够使受催眠者进入催眠状态的方法都可以称为催眠诱导法。

最古老的催眠诱导就是怀表摇摆法了。许多人对于催眠术的最早印象来自于一只来回摇摆的怀表，被催眠的人呆呆地凝视着那只来回晃动的怀表……时间随着怀表的滴答声渐渐流逝，而怀表晃动的幅度也越来越小，越来越慢……被催眠的人眼神则越来越僵直，移动得越来越缓慢……这时，催眠师用手在被催眠的那个人的眼睛上轻轻地一抹，用低低的、沉沉的声音说："睡吧！"于是，被催眠的那个人就随着催眠师的手掌倒在椅子上，进入了催眠状态……这是众多催眠诱导方法中的一种，被称为"凝视法"。

催眠诱导的核心就是能够清醒地感受现在，从而诱导对方关注自己的感觉，并进入更深的催眠状态。如果能够在一个温度适宜而又安静的环境下，以缓慢、平静、镇定的语气来进行诱导，可以让大部分人进入浅度催眠状态。

例如下面这种最简单快捷的"三句话催眠诱导法"：

第一句：你可以让……你现在的感觉……一直继续下去。

第二句：你也许会非常好奇……你的身体到底可以舒适到……什么程度。

第三句：你并不一定需要……进入到很深、很深的催眠状态。

催眠诱导的顺序

催眠诱导是指催眠师诱导受催眠者进入恍惚或催眠状态的过程，是实施催眠过程中最重要的一个环节。催眠诱导的方法有很多，大体上都要遵循以下的顺序。

1. 暗示受催眠者眼睛疲劳，无法睁开。

2. 暗示受催眠者感官迟钝，失去痛觉。

3. 暗示受催眠者只接受催眠师暗示。

4. 暗示受催眠者出现正性与负性幻觉。

5. 暗示受催眠者醒来后忘记过程。

6. 暗示受催眠者醒来后做某些活动。

35. 凝视法：最简单的催眠诱导

凝视法是最为古老的一种催眠诱导法。发展至今，它已经有了非常多的衍变和衍生，同时它也成为现今应用最为普遍的催眠诱导法。

凝视法是刺激受催眠者的感官——视觉，而使受催眠者注意力集中的催眠诱导法。在凝视法中，由于受催眠者的特性不同，喜欢凝视的东西也不同。其实，凝视的对象可以是任何物体，但主要是发光的物体，例如电灯、镜子、水晶球、荧光涂料、火苗、其他发光装置等；或者是运动物体，例如钟摆、指尖、手指捏住的戒指等；或者是特殊的色彩、催眠师的脸和瞳孔等。有时，催眠师也会设法制作一些特殊的道具，比如在纸板上画上几重眼圈状的旋涡图案。现在，最常用的凝视法就是天花板凝视法和墙壁凝视法。

天花板凝视法适用于习惯逻辑分析与判断的人，能够很好地分散过于强烈的意识注意力，让潜意识的能量自然呈现，而进入催眠状态。

天花板凝视法具体如下：先让受催眠者舒展一下身体，做一个深呼吸，让身体放松下来，然后以舒适的姿势坐在椅子上或靠在沙发上，双手以自己觉得轻松、舒适的姿势放好。然后让受催眠者用轻松的方式，在天花板上选择任何一点，并且将注意力完全集中在那一点上。然后催眠师开始进行诱导。

墙壁凝视法比较适用于那些心思、想法比较多，注意力很难集中的受催眠者。墙壁凝视法的关键是一边放松，一边凝视，同时保持着紧张和放松。

墙壁凝视法具体如下：让受催眠者舒展一下身体，做个深呼吸，让身体放松下来，然后以舒适的姿势坐在椅子上，或者是靠在沙发上，双手以自己觉得轻松、舒适的姿势放好。然后催眠师开始进行诱导。

从以上两种凝视法可以看出，凝视法发展至今确实已经有了很多变化，但是，不可否认，在催眠诱导过程中，凝视法仍是使用得最为普遍的一种方法。有时，它是在几种催眠方法同时使用时的先驱或第一步骤；而有时单独运用时，它又能直接将受催眠者诱导进入催眠状态。所以，在所有的催眠诱导方法中，它的使用频率是相当高的。

常用的凝视法及其变式

凝视法是最为古老的催眠诱导法，凝视法是刺激受催眠者的视觉而使受催眠者注意力集中的催眠诱导法。在凝视法中，根据受催眠者的特性会有很多方法上的变化。

比较常用的凝视法

- 天花板凝视法

  适用于习惯逻辑分析判断的人，能很好地分散过于强烈的意识，让潜意识能量自然呈现，而进入催眠状态。

- 墙壁凝视法

  适用于想法比较多、注意力难集中的人。其关键在于一边放松，一边凝视，同时保持紧张和放松。

一些凝视法的变式

想象我额头有颗痣。

1. 有时催眠师会根据情况使用颜色凝视法或者风景画凝视法；有时还会使用一些容易造成混淆的转动图片让受催眠者凝视；有时还会让受催眠者凝视催眠师的额头，想象那里有一颗痣。

2. 这些方法的原理都是一样的，都在于让受催眠者全神贯注、集中精力凝视着会发光的或能反射光的物体，使其感觉到眼睛疲倦，从而进入催眠状态。

36. 直接诱导：由测试直接导入催眠状态

在进行催眠前，受催眠者一般要经过被暗示性或敏感度测试，如果受催眠者能够通过这些测试项目，催眠师完全可以在测试进行时使受催眠者直接进入催眠状态，这个诱导方法叫做直接诱导法。直接诱导法包含三种：眼皮沉重、手臂僵直和手臂升降。

由眼皮沉重测试进入催眠状态的操作很简单，时间比较短。首先催眠师要求受催眠者用一只手的大拇指和食指捏住一枚硬币，将注意力完全集中在手指上。然后，催眠师对受催眠者施加暗示，一直暗示到受催眠者手中的硬币掉下来。在硬币落地之后，催眠师接着施加暗示，让受催眠者直接从敏感度测试中进入催眠状态。

由手臂坚挺僵硬测试进入催眠状态则不同，在手臂坚挺僵硬测试之前，催眠师要求受催眠者先舒展一下自己的身体，做一个深呼吸，让身体能够放松下来，然后让受催眠者以自己感觉舒适的方式坐在椅子上，或靠在沙发上，双手以自己感觉舒适的姿势放好。此后，催眠师进行暗示，让受催眠者的手臂固定在半空中，变得非常僵硬。催眠师接着施加暗示，让受催眠者的手臂越来越僵硬，然后再越来越放松，在放松的过程中逐渐进入更深的催眠状态。

由手臂升降测试进入催眠状态。在做手臂上升测试前，催眠师要求受催眠者先舒展一下自己的身体，做一个深呼吸，让身体放松下来。然后，催眠师施加暗示让受催眠者双臂向前伸直，左手掌心向上、右手掌心向下。全身放松，想象自己的左手感到越来越沉重，同时想象右手绑着一串彩色气球正把右手慢慢地往上拉。并且左手受到的压力和右手受到的拉力都慢慢地越变越大。经过一段时间后，受催眠者的双手就会有明显的差距，催眠师可以就此引导受催眠者进入催眠状态。

以上都是常见的直接诱导法的应用。操作很简单，而且操作时间也比较短，因此使用非常广泛。在具体的催眠实践中，催眠师往往需要根据受催眠者的特性，来选择最合适的催眠诱导方法。

由眼皮沉重测试进入催眠状态

催眠师可以在被暗示性或敏感度测试时使受催眠者直接进入催眠状态，这个诱导方法叫做直接诱导法。由眼皮沉重测试也可以让受催眠者进入催眠状态，具体步骤如下：

1. 催眠师要求受催眠者用一只手的大拇指和食指捏住一枚硬币，将注意力完全集中在手指上。

（用拇指和食指捏好。）

（注意力放到手指上。）

2. 催眠师对受催眠者施加暗示，一直暗示到受催眠者手中的硬币掉下来。

（进入了深深的催眠状态。）

3. 在硬币落地之后，催眠师接着施加暗示，让受催眠者直接从敏感度测试中进入催眠状态。

37. 混淆诱导法：不容易被催眠时的办法

混淆诱导法适用于那些阻抗比较强的受催眠者。所谓阻抗比较强的受催眠者，也就是说不太愿意配合，或者用常规的催眠诱导方法很难进入催眠状态的受催眠者。混淆诱导法通常要求受催眠者专注于几件事，这样就会更容易产生疲劳，也防止了受催眠者胡思乱想，能够产生很好的催眠效果。

比如，凝视法是要求受催眠者凝视一个物体，直到放松，自然地闭上眼睛，但是对于那些催眠敏感度比较低的人来说，他们往往很难集中精力，那么这时就可以加上另外一项或几项任务，如从 200 每次减 2 这样的数数，一边凝视，一边数数，一边跟随着催眠师的暗示，这样受催眠者往往就会忙不过来，产生疲劳，自然就进入了催眠状态。混淆诱导法最常用的是左右同时诱导法、惊乱诱导法和烛光法。

左右同时诱导法可以请两位催眠师分别在受催眠者的左右两侧进行诱导，诱导语可以是相同的。左右同时诱导法的效果是非常好的，同样的引导方法，一旦有两位催眠师在受催眠者的左右两边同时进行，能够迅速给受催眠者带来恍惚、混淆的感觉，引导受催眠者进入催眠状态。左右同时诱导法还可以只请一位催眠师，催眠师可以在诱导的过程中不断更换到受催眠者左右两边位置，甚至可以尝试以不同的语气、语音、语调进行诱导。

催眠师也可以突然给出一些出乎对方意料的暗示，让受催眠者在一瞬间产生一种混乱的感觉，这种方法被称为惊乱法。例如，催眠师将手指放在受催眠者眼前一米远处，让他凝视一会儿，然后催眠师将手突然向他的眼睛伸过去，他就会因为吃惊而闭上眼睛。此后，催眠师可以轻轻地按住受催眠者的眼睛，并暗示说："闭紧你的双眼，怎么也睁不开。"停一会儿后，催眠师将手移开，看到受催眠者眼皮跳动，表明已经进入了催眠状态。

左右同时诱导法，惊乱诱导法都要求受催眠者专注于两件事或多件事，或者专注于两项任务或多项任务，从而更易产生疲劳，产生好的催眠效果，提高进入催眠状态的成功率。

利用想象力的烛光诱导法暗示语

烛光法要求受催眠者根据暗示凝视烛光，在想象中进入催眠状态。这种方法的指导语一般是这样的：

1. 请凝视着烛光，放松地、自然地聆听我，不需要刻意专注我说的话，你的潜意识会跟随着我，它知道该怎样去做的……

2. 现在，请自然地凝视烛光，想象有一种美好的感觉扩散到全身，一直到达头部，流到你身体的每一个部位。而你的眼睛依然自然地凝视烛光……

3. 现在我给你讲个故事。请想象那些画面……你可以很放松地、很自然地闭上眼睛，这样你就会感觉更加舒适……你可以轻轻点头，随着每次点头，你就会进入深深的、舒适的催眠里……

你已经进入了催眠状态。

38. 深化催眠：催眠诱导后要做的事

受催眠者进入催眠状态后，如果继续受到暗示，便可能使催眠逐渐深化。也就是说，当受催眠者进入催眠状态之后，催眠师继续对他施加暗示，继续对受催眠者进行催眠，那么受催眠者就会从轻度催眠进入到更深的催眠状态，以便催眠师进行一些需要在更深的催眠状态下才能进行的操作。

催眠深化环节实际上是催眠诱导的延续，催眠深化法是用来加深催眠状态的方法。与诱导法相同，深化法也有很多种，但是不管是哪种深化法，同时暗示受催眠者"放松"和"无力"很重要。需要注意的是，催眠状态一旦加深，有的人睡意会渐浓，直接进入催眠性睡眠状态。特别是简单的深化法，最容易诱发睡意。如果受催眠者睡着了，一旦唤醒他，需要重新进入催眠状态。

在催眠诱导进行顺利时，也可以直接暗示受催眠者催眠状态会进一步深化。在催眠深化这一环节，经常出现这样一个问题，就是当受催眠者被诱导进入催眠状态，想要进入更深层的催眠状态时，如果这个时候催眠师要求受催眠者做出一些违反常态的动作，或者催眠师的暗示涉及到受催眠者的敏感问题，受催眠者虽然有可能绝对服从，并且真实地回答，但或许会出现特别强烈的抗拒行为。这是怎么回事呢，又该如何处理呢？

一般来讲，受催眠者的抗拒行为是由于催眠师没有把握好机遇，或者还没有与受催眠者建立起信任关系。催眠师对这样的情况一般特别谨慎，会注意观察受催眠者任何细微的反应。如果确实一时不慎，出现了这种情况，那么催眠师会及时地施加催眠诱导，使受催眠者回到之前已经成熟了的催眠阶段，然后再经过反复的暗示，使受催眠者感觉轻松、舒适、愉快之后，再采取进一步的措施。

在催眠深化环节，催眠的方法比较灵活多变，催眠师的经验和技术越是娴熟，可能出现的变化也就越多。甚至有些催眠师认为，催眠的深化是随机应变的，技术的运用完全依赖于催眠师的观察力和想象力，很多催眠深化的方法都是随机应变创造发挥出来的。从某种意义上说，催眠师有多强的想象力，就能够有多么高超的催眠深化方法。

催眠深化的四个小技巧

1. **基本深度加强法**：当受催眠者知道他不能做一些事时，会使他更相信自己确实是被催眠了，也会让催眠深度加强。

（你设法放下手，不信试试。）
（真的没法动，真神奇啊！）

（先来一个简单测试。）

2. **金字塔型暗示**：每个成功的测试，可以促成下一个更难的测试成功，必须由简到难，依序进行。

3. **催眠后暗示**：记住每次都暗示，尤其第一次催眠时："下一次催眠时，你会更容易进入催眠状态，而且进入更深的催眠状态中。"

（下次会更快进入催眠。）

4. **重复诱导**：重复面谈并在面谈中重复诱导：多次面谈，并在每次面谈中都多次施加诱导催眠，催眠，暗示，唤醒，再催眠，再给予暗示。

39. 深呼吸法：催眠中的万能方法

深呼吸法在实施催眠的敏感度测试、诱导、深化等阶段，都是非常有效的方法，真正算得上是催眠应用方法中的"万金油"。在实施催眠的准备阶段，深呼吸法有助于使受催眠者身体放松，顺利地进入诱导状态，甚至有的催眠师完全只利用深呼吸法就可以进行催眠诱导、催眠深化等。

在通常情况下，如果进行几分钟的深呼吸，就可以逐渐达到身心放松的状态，也就是所谓的恍惚状态。在利用深呼吸法进行催眠深化的过程中，受催眠者一边侧耳倾听催眠师的话，一边进行深呼吸，这样注意力就集中到催眠师的话语和自己的呼吸上，自律神经受到刺激，副交感神经开始占据优势。因此，即使是被暗示性低的人，一旦反复深呼吸，也会自然而然地进入催眠状态。

用深呼吸进行催眠深化虽然比较花时间，但却是一个能诱导受催眠者真正进入深度催眠状态的方法。那么，在催眠状态中，如何让受催眠者进行深呼吸，才能够诱导其进入到更深层次的催眠状态呢？一般情况下，催眠师会这么暗示受催眠者：

"现在，你感觉非常舒适，非常放松……请你做深呼吸……每一次的深呼吸都会放松你全身的力量，让你轻松地进入深层催眠状态……好，现在先深深地，放松地吸一口气，然后慢慢地，放松地吐出来，把胸中的气吐完之后，再深深地吸气，然后慢慢地，放松地吐出来……接着做，每做一次深呼吸，深深地，放松地吸气，慢慢地，放松地吐出来……你会感觉到你的身体更加放松……好，接着做，每做一次深呼吸，深深地，放松地吸气，慢慢地，放松地吐出来……吸气，吐气，力量已经放松，完全感到轻松……你已经进入到了更深一层的催眠状态……"

需要注意的是，用深呼吸法进行催眠深化的时候，催眠师必须配合受催眠者的呼吸，轻松地引导受催眠者，使受催眠者毫不勉强地进行深呼吸。如果受催眠者的深呼吸不能自然进行的话，那么，催眠深化的进展一定不顺利。

深呼吸法进入催眠深化的小窍门

在利用深呼吸法进行催眠深化的过程中,受催眠者一边侧耳倾听催眠师的话,一边进行深呼吸,这样注意力就集中到催眠师的话语和自己的呼吸上。因此即使是被暗示性低的人,也可以通过深呼吸进入催眠状态。

1. 开始时,催眠师要配合受催眠者的呼吸速度说话,而不是受催眠者配合催眠师的话语。通过催眠师配合受催眠者,受催眠者会在某个时候开始毫无反抗地服从催眠师的暗示。

2. 有人没法慢呼吸,催眠师就要加快语速。在反复进行呼吸的基础上,催眠师将语速放慢,受催眠者就会自然地随着催眠师的语速呼吸,受催眠者的快速呼吸就会慢下来。这是受催眠者接受了催眠师的诱导。自然地进行了转换。

说明:深呼吸法可以算得上是催眠应用方法里的"万金油",无论是催眠敏感度测试、催眠诱导还是催眠深化,都可以使用深呼吸法。

40. 身体摇动法：催眠状态深化的方法

身体摇动法是以"运动暗示"为主体的深化方法。身体摇动法操作起来比较简单，因此被广泛应用。

在开始身体摇动法之前，需要注意一点，催眠师一定要了解受催眠者经过催眠诱导而进入的催眠状态已到何种程度，一定要选择适合这个阶段的深化法。因为身体摇动法主要适用于将受催眠者从较浅的催眠状态引向深度催眠状态，所以身体摇动法既可以单独使用，也可以用于其他催眠深化方法的前驱步骤中。

身体摇动法具体操作如下：在受催眠者进入催眠状态后，催眠师让其坐在椅子上，头下垂，上半身尽可能地保持向前倾的姿势，这样有利于受催眠者身体的摇动。催眠师双手按住受催眠者的肩膀，稍稍用力摇动并施加暗示，在持续给予这些暗示时，受催眠者身体的摇动幅度会逐渐地扩大。

在此过程中最重要的是，催眠师一定要等到受催眠者的身体完全自动摇晃以后，才可以放开手，如果放开得太早，受催眠者就无法顺利地摇动身体；如果手一放开，受催眠者就停止摇动身体，就必须再次摇动受催眠者的身体。

当受催眠者的摇摆幅度一直在增大时，应暗示："当我数到三后，你的身体就会向前后摇。一，二，三，现在，你发现自己的身体已经开始前后摇动了。"受催眠者的身体就会向前后摇动，这时，催眠师应当将手置于受催眠者的肩膀上，然后暗示："现在，你的身体一边摇动，你的头就渐渐被拉向后面……是的，你的头又被向后拉了。"这时，催眠师应轻轻按住对方的肩膀后方，接着暗示："你的头在一直向后拉……对，一直向后拉，你的身体也向后拉了……"催眠师一边给予这样的暗示，一边让受催眠者的身体向后靠。

催眠师接着暗示："你的身体被拉到后面了……"由于受催眠者坐在椅子上，他的头会变得不稳定。催眠师接着暗示："就算你的头被拉到后面，我也可以用手接住……"这些话可以安定受催眠者。接着，催眠师暗示："你身体的力量更加放松了……现在，你的头下垂，下垂以后，你会觉得更轻松……现在，你的头在下垂……下垂后，你会觉得，开始打盹了。下垂后，更轻松，更舒适了……你觉得更轻松了，更舒适了……"这样，受催眠者就能进入更深层的催眠状态了。

身体摇动法的步骤

身体摇动法是以"运动暗示"为主体的深化方法。身体摇动法主要适用于将受催眠者从较浅的催眠状态引向深度催眠状态,所以身体摇动法既可单独使用,也可用于其他催眠深化方法的前驱步骤中。

1. 首先,催眠师暗示受催眠者在身体摇动时全身放松。催眠师说:"当我开始摇动你的身体时,你身体的力量就要放松,你就会进入更深层的催眠状态。"

摇动你身体时,要放松。

放掉力量,慢慢地进入深层催眠。

2. 催眠师一边暗示,一边不断轻轻地摇动受催眠者的身体。慢慢地,受催眠者就会不由自主地摇晃起来。

就算我放开手,你也会继续摇动。

3. 催眠师放开手后,受催眠者身体依旧摇动,说明催眠深化很成功。催眠师可以说:"就算我放开手。你也会继续摇动……是的,你的身体在那儿大大地摇动……非常轻松,非常愉快。"

41. 催眠唤醒：结束受催眠者的催眠状态

催眠唤醒就是在催眠治疗完成之后，使受催眠者结束其催眠状态并恢复到清醒的意识状态中的过程。让受催眠者从催眠状态中清醒过来，需要一定的唤醒方法，而这种方法就是催眠唤醒。

假如不使用催眠唤醒方法使受催眠者结束催眠状态，而是任其保持原来的催眠状态，通常来说，受催眠者不会在很短时间内自然醒来。在这种状况下，一些受催眠者会从催眠状态转入睡眠状态，等到睡眠状态结束之后，才会自然醒来。有时，也可能出现另一种情况，就是受催眠者仍然处于催眠状态，但是由于某种比较强烈的声响、动作，或者催眠师以外的其他人强行将受催眠者唤醒，那么很多受催眠者也会从催眠状态中醒过来，但他们通常会感到不适。因此，催眠师应当本着高度负责的精神，完整地进行催眠过程，结束受催眠者的催眠状态。

其实，在催眠的测试、诱导及深化等方法及操作步骤中，催眠的唤醒方法还是属于相对比较简单的一种。一般情况下，催眠师会通过一些物理方法、心理学的言语暗示唤醒方法或者自然清醒法，使受催眠者脱离催眠状态，恢复清醒。

如果受催眠者催眠状态较深，难以唤醒，催眠师要保持镇定。因为受催眠者没有被唤醒，说明受催眠者进入催眠状态比较深，也可能是受催眠者已经进入了睡眠状态。催眠师务必要仔细观察、冷静分析，耐心地运用催眠唤醒技术使受催眠者顺利结束其催眠状态。当然，如果受催眠者进入催眠状态的深度不深的话，在结束催眠之前，催眠师也务必要对其进行唤醒，以完成催眠的整个过程。

在受催眠者还处于催眠状态时，催眠师千万不可以突然触碰或者突然摇晃受催眠者，否则就会使受催眠者受到惊吓。

另外，催眠师在对受催眠者进行唤醒的过程中，还可以继续给予受催眠者一些正面的引导。因为在这时，受催眠者正处于潜意识和意识的转换过程中，所以对于催眠者的暗示仍然会有所反应。

催眠唤醒的物理方法

催眠唤醒就是在催眠治疗完成之后，使受催眠者结束其催眠状态并恢复到清醒的意识状态中的过程。让受催眠者从催眠状态中清醒过来的方法就是催眠唤醒。

不唤醒受催眠者会发生什么

如果不唤醒，受催眠者不会在很短时间内自然醒来。一些受催眠者会从催眠状态转入睡眠状态，等到睡眠状态结束之后，才会自然醒来。

两种物理唤醒法

你会很快醒过来的。

你会立刻醒过来。

1. 在受催眠者的前额上轻轻喷气或是轻轻按摩眼睑及眼球，并同时施加唤醒暗示，也可以对着受催眠者大声呼喊，或做一些引起痛觉的动作。

2. 假如对大声呼喊及其他刺激不敏感，可以对着脸轻轻地喷一些冷水，或把他们的脸暴露在冷空气中，受催眠者对冷水或冷气都会很敏感。

42. 言语暗示：心理学的常用方法

所有催眠唤醒的方法中，言语暗示是一种常用的方法。这种方法非常有效，言语暗示唤醒方法一般是指催眠师对处于催眠状态中的受催眠者施加唤醒暗示，使受催眠者接受暗示后自然醒来。

言语暗示的方法很多，可以随机采用一种，例如数数法、感觉唤回法、音乐法等。

数数法。有的受催眠者被暗示在听到别人数到5、7或10时，就要清醒过来。如果使用这种方法，催眠师有时会重复好几次，而且催眠师必须用清晰的语调大声数数，也可以在数数的同时拍打受催眠者的手。当数完时，就告诉受催眠者清醒过来。例如："1，你很快就会醒过来……2，现在，你正在醒过来……3，你差不多已经完全醒了……4，你已经完全醒了……5，你已经醒了。"

数数法还可以采用倒计数，例如催眠师可以这样暗示："我现在开始倒计数，当我数到1的时候，你就要完全醒来，10、9、8、7……"

这里有两点特别需要注意。首先，假如在催眠深化时，催眠师是在数数且是由小数字数到大数字，那么在唤醒的时候就要用相反的顺序，由大数字数到小数字，即采用倒计数。总之，在催眠的深化阶段与催眠的唤醒阶段，数数字的顺序应当是相反的。其次，假如受催眠者进入的催眠状态较深，一次数数的操作不能完全唤醒受催眠者，那么催眠师可以稍微提高声音，再重复进行一次数数法，以唤醒受催眠者。

感觉唤回法。感觉唤回法是一种借用唤回受催眠者感觉与知觉的方法来唤醒受催眠者的方法，这个方法适用于那些正停留在想象画面中的受催眠者，也就是利用意象法进入深层催眠状态的那些受催眠者。

音乐法。假如催眠师在催眠实施的过程中使用了音乐，那么当催眠结束的时候，则可以更换使用的音乐或者用调大音乐音量的方式来唤醒受催眠者。

上面介绍的是几种常用的催眠唤醒方法，具体应用哪一种，需要催眠师在催眠的实践过程中熟练掌握，灵活运用。

言语暗示进行催眠唤醒

几种常用的言语暗示法

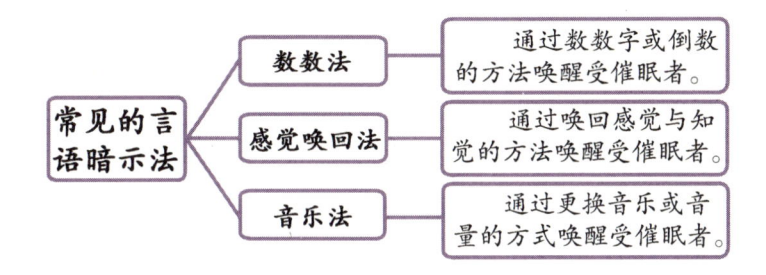

常见的言语暗示法
- 数数法：通过数数字或倒数的方法唤醒受催眠者。
- 感觉唤回法：通过唤回感觉与知觉的方法唤醒受催眠者。
- 音乐法：通过更换音乐或音量的方式唤醒受催眠者。

言语暗示法的补充知识

> 10分钟后你会自然醒来，全身轻松舒畅。

1. 受催眠者不愿醒来怎么办：在进行催眠唤醒时，可能有些受催眠者是准备通过催眠来消除疲劳的，所以需要一定时间来安静休息而不愿意醒来。这时，催眠师可以对其施加暗示，让受催眠者自然醒来。

> 你会慢慢睁开眼，越来越清醒。

2. 感觉唤回法的暗示语：你很喜欢这片迷人的风景，当你以后想回到这里时，你随时都可以回来……现在沿着你刚才走过的道路，慢慢走回这间屋子里……你又重新坐到了这把椅子上……现在，你的感觉越来越清醒了……慢慢地睁开你的眼睛，回到现实中来……

43. 最后的暗示：催眠唤醒的注意事项

我们已经学习了好几种催眠唤醒的方法，其实无论催眠师采用哪种方法，都需要遵循以下几个要点。

唤醒过程中，简明扼要地强化所给予的特定暗示。每一次催眠都有其明确的目的，为了达到预先设定的目的，催眠师会针对受催眠者的状况，给予某些特定的暗示，所以在唤醒时，如果能够再次强化这些特定暗示，会对提高治疗效果非常有利。并且唤醒时的强化暗示必须要简明扼要，尽量用一句话或几个简单词将治疗的关键性暗示表达清楚。

要解除在催眠过程中所给予受催眠者的全部负性暗示。所谓的负性暗示，就是指那些影响受催眠者正常知觉和活动的暗示，比如手不能动、看不见东西、听不见声音等所有对机体不良的暗示。如果不把这些负性的暗示消除，等受催眠者醒来后，就会残留一定程度的负性体验。

在催眠唤醒时，催眠师一定要强调受催眠者的一切功能都已恢复正常，如果有某个负性暗示在催眠过程中比较突出，催眠师还必须对这一负性暗示做一次特殊消除。

在实施催眠唤醒时，催眠师对受催眠者重复那些解除全部负性暗示的指令，事实上也是对催眠过程中可能出现的疏忽来做一些弥补。在催眠过程中，按照常规，如果在负性暗示发出之后，受催眠者已经做出了相应反应，那么催眠师应当及时消除这个负性暗示。

对催眠师来说，进行催眠唤醒时一定要注意消除负性暗示，补充一两句使受催眠者机体功能全部恢复正常的暗示，绝对是有百利而无一害的。

给予身心放松的暗示。催眠心理治疗的宗旨和目的是帮助受催眠者消除症状，增进心理和生理健康。所以在进行催眠唤醒时，催眠师理应给予受催眠者一些促使心情舒畅、身心放松的暗示，这样能够使受催眠者醒来之后感到既很放松又很舒适。

催眠唤醒不能太急促。一般在进行催眠唤醒前，催眠师需要先给受催眠者一个准备唤醒的指示，例如："一会儿，你将会被唤醒……"然后再逐步将受催眠者唤醒。有一些受催眠者在被唤醒之后仍然感到好像并没有完全醒过来一样，这时，催眠师就必须继续给予暗示。

唤醒前的其他注意事项

催眠唤醒是催眠的最后一个环节。受催眠者能否从催眠中获益、催眠师能否将可能产生的负面影响降至最低，都体现在这个环节。在唤醒时，催眠师还要注意以下几点。

1. 根据具体需要，有时催眠师可以选择快速自醒法。比如，催眠师在催眠唤醒之前，可以暗示受催眠者，只要说出一个"醒"字，受催眠者就会醒过来。

2. 催眠师还可以在催眠唤醒时选择加入一些简要的暗示语，在催眠结束前做最后的强化，再按顺序进行唤醒暗示。

3. 催眠师的所有操作一定要循序渐进，按照一定的顺序，逐步唤醒受催眠者，否则，就可能会给受催眠者带来不同程度的不适感。

44. 树立榜样：提高催眠成功率的方法

无论是对于第一次接受催眠的人，还是对于那些接受过催眠，但是由于种种原因不愿继续接受催眠的人来说，一般情况下，如果让他们在一旁观看催眠师成功地催眠其他人之后再去接受催眠，都会变得更加容易一些。在催眠中这种情况就被称为"榜样"。

在生活学习中，我们常常感受到榜样的力量，当有一个好榜样作为借鉴和学习的参考时，我们学习、工作的效率往往会更高。从一定意义上来讲，催眠本身也是一种学习，而榜样的存在，会使催眠这种学习更加简单容易。催眠师可以利用榜样的力量更好地实施催眠术，受催眠者也会因为榜样的感染而更容易进入催眠状态，从而有效地提高成功率。

对于怀疑催眠的安全性和有效性的受催眠者来说，如果催眠师不通过榜样来消除受催眠者的怀疑心理，受催眠者强大的潜意识会一直阻止自己进入更深的催眠阶段，很可能让催眠师花费很大的功夫却依然一无所获。对于这样的人来说，最好的办法就是在正式进行催眠之前，事先找来一位催眠敏感度比较高、又曾经多次接受过催眠术的受催眠者，让催眠师当着怀疑者的面实施催眠，并且让受催眠者和怀疑者聊聊，谈一谈接受催眠时的感受，这样就可以在一定程度上消除怀疑者的顾虑。接着就能正式实施催眠暗示了。

什么样的人能成为催眠榜样呢？一般情况下，催眠师都愿意选一位催眠敏感度比较高、又曾多次接受过催眠的受催眠者。在此基础上，受催眠者与怀疑者自身条件越是相像，就越容易引起怀疑者的共鸣，自然也就更能让怀疑者消除顾虑，以更加积极的态度来对待催眠师。

在一大群人中应该如何甄别出好的榜样呢？对于催眠师来说，有一个最简单易行、屡试不爽的方法，催眠师一般都不会去选择那些在催眠室里窃窃私语、对催眠没有充分兴趣的人，往往在一群人中，最专注地听催眠师讲解的那个人，就是适合的榜样。对于舞台催眠师来说，这一招也非常有效。

榜样的奇异力量

催眠本身也是一种学习，而榜样的存在，又会使催眠这种学习更加简单容易。催眠师可以利用榜样的力量更好地实施催眠术，受催眠者也会因为榜样的感染而更容易进入催眠状态。

你先看看我是怎么进行催眠的。

1. 关于榜样，曾经有这么一个有趣的故事。一位催眠师要给一位老人实施催眠。催眠师知道年龄大的人往往很难被催眠，于是当着老人的面先催眠了另一个人。这个人自然而然是成为老人的"榜样"。

2. 催眠师顺利地将"榜样"导入到催眠状态。最后加入"不能数出6"的暗示，结果这个榜样竟然数出了。催眠师有些尴尬，不过依然镇定地进行了下去。

5、6、7、8…

奇怪，你应该数不出6的。

这太奇妙了。

3. 接着，催眠师顺利地催眠了老人。催眠师给他做了忘记自己名字的后催眠暗示，成功了。然后催眠师又做了"不能数出6"的暗示，奇怪的是老人和榜样一样数出了6，这就是榜样的奇异力量。

45. 持续催眠：将催眠效果发挥到极致

对于一些生理或心理上的疾病，如果只是进行短暂的催眠治疗，往往不能收到非常明显的效果，或效果不能保持长久、稳定，只有长期稳定的催眠治疗，才能发挥持久的作用，有效调整身心，恢复健康。在这种情况下，持续催眠法也就应运而生。

所谓持续催眠，就是指催眠师需要运用一些特殊的催眠方法，使受催眠者持续处于催眠状态较长一段时间里，具体时间通常是要超过一般催眠时间的两倍以上，从而可以更行之有效地为受催眠者治疗身心疾病，将催眠治疗效果发挥到极限。

按照催眠时间划分，持续催眠法有如下几种形态：长时持续催眠、夜间持续催眠、昼夜持续催眠以及自由持续催眠。

长时持续催眠一般就是使接受催眠的患者陷入持续 2～3 小时的催眠状态。夜间持续催眠则是使受催眠者在夜间进入催眠状态，并且这种状态必须一直持续到第二天早晨。夜间的持续催眠法与睡眠催眠法并不是一回事，而是完全不同的两种催眠方法。前者是指在夜间的清醒状态时对受催眠者实施催眠；而后者是在受催眠者处于熟睡时实施催眠，和昼夜没有关系。

昼夜持续催眠是指从之前的那天晚上开始，催眠师就要使受催眠者进入催眠状态，而且一直持续到第二天晚上的同一时间，才让受催眠者清醒过来的长效催眠方法。

最后是自由持续催眠。这种自由的持续，可以使受催眠者的催眠状态持续几天甚至几周之久，也就是说，在比较长的一段时间内，受催眠者一直都处于催眠状态中。在进入这种极为特殊的催眠状态之后，催眠师应当立即暗示："当你的身心不再需要催眠时……你就会立刻自然地觉醒过来……当你的身心不再需要催眠时……你就会立刻自然地觉醒过来……"这样一来，觉醒与否就是由受催眠者本身自行判断和负责。其实，这个方法与之后我们要介绍的自我催眠法在某种程度上有着一定的相似之处。

持续催眠法是比较特殊的一种催眠法，所以催眠师在运用持续催眠法对受催眠者进行催眠时，在操作上必须小心谨慎，否则可能会出现很多不良后果。

使用持续催眠法需要注意什么

对于一些生理或心理上的疾病，如果只进行短暂的治疗，往往不能收到明显效果，或效果不能长久稳定，持续催眠法由此应运而生。

1. 持续催眠法时间比较漫长，催眠师要反复暗示受催眠者不受周围环境影响，尤其是其他人谈话声和噪音声等。

你只听得到我的声音。

那催眠时我可以去卫生间吗？

必要的事当然可以做。

2. 采用持续催眠法的基本条件是将受催眠者导入深度催眠状态。要设法使受催眠者在长时间催眠中不至于无聊，要使受催眠者在催眠状态中可以睁开眼睛，可以做必要的活动，保证其生活依然顺利进行。

你马上就会进入更深的催眠状态。

3. 当受催眠者的意识状态出现起伏或跳跃的时候，当受催眠者从深度催眠中惊醒，或者是催眠状态由深变浅的时候，催眠师要立即诱导受催眠者再次进入到较深催眠状态。

本章你学到了什么?

不妨写下来吧!

记录日期:

第四章 轻松学会自我催眠

46. 高峰体验：美妙的自我催眠

47. 从教室到赛场：应用广泛的自我催眠

48. 选定合适目标：自我催眠的关键之一

49. 简洁与重要重复：编写暗示语的指导方针

50. 分解目标与增强暗示：自我暗示的技巧

51. 排除干扰：提高成功率的准备工作

52. 磁带还是CD：选择自我诱导的媒介

53. 数数字和走楼梯：再唤醒与深化的方法

54. 放松法：最舒服的自我催眠

55. 默坐法：最优雅的自我催眠

56. 想象法：妙不可言的自我催眠

57. 专注法：给自己充电的自我催眠

58. 前额法：身心愉悦的自我催眠

59. 呼吸法：最简单的自我催眠

60. 自我检查：你有没有进入催眠状态

61. 持久训练：怎么让催眠效果越来越好

46. 高峰体验：美妙的自我催眠

我们已经知道，在没有催眠师指导的情况下，我们通过暗示引导，自己进入催眠状态的方法被称为自我催眠。现实生活中，很多人不知道，其实我们每个人都经常在不同程度地进行自我催眠，并且真切地感受着自我催眠美妙的"高峰体验"。

什么是高峰体验呢？这个概念是心理学家马斯洛提出来的，指一种从未体验过的兴奋与欢愉的感觉，处于最激荡人心的时刻，是人存在的最高、最完美、最和谐的状态，这时的人具有一种欣喜若狂、如醉如痴的感觉。那种感觉犹如站在高山之巅，那种愉悦虽短暂，却印象深刻，是语言无法表达的，因此被形象地称为"高峰体验"。

马斯洛认为，人类的需要分为五种不同的层次，在不同的时期表现出来的各种需要的迫切程度是不同的，最迫切的需要才是激励人行动的主要原因和动力。人的需要是从外部得来的满足逐渐向内在得到的满足转化的过程。人们在自我实现的创造性过程中，有时会产生出"高峰体验"的情感。

例如夜晚时在院子里看着满天繁星，内心突然变得十分平静安详，整个身体变得很轻，内心深处似乎涌动出一种莫名的情绪，说不清是高兴还是忧伤，似乎一下子看清楚了生命的意义，疲惫和焦虑一霎那间消失了，顿时神清气爽，甚至一切事物看起来都是那么的美好。这实际上就是一种自我催眠，或者更确切地说是一种类自我催眠，虽然既看不见又摸不着，却是无处不在地存在着，甚至直接影响着我们的身心体验。

通过自我催眠更容易进入高峰体验。在自我催眠中，催眠师和受催眠者都是自己，犹如踏上一条平静喜悦而又妙趣横生的心灵探索之路，其感受的妙不可言很难用语言去描述。

人类具有利用自我意识和意象的能力，可以通过自己的思维资源，进行自我强化、自我教育和自我治疗。实际上，日常生活中许多调节身心的运动都是自我催眠的应用，它们都能够带来异常美妙的"高峰体验"，如印度瑜伽、中国气功等都是不同形式的自我催眠。

马斯洛的需要层次理论

马斯洛将人的需要分为五个层次，低层需要满足后，高层需要会取代它成为推动行为的主要原因。高层需要比低层需要具有更大价值。

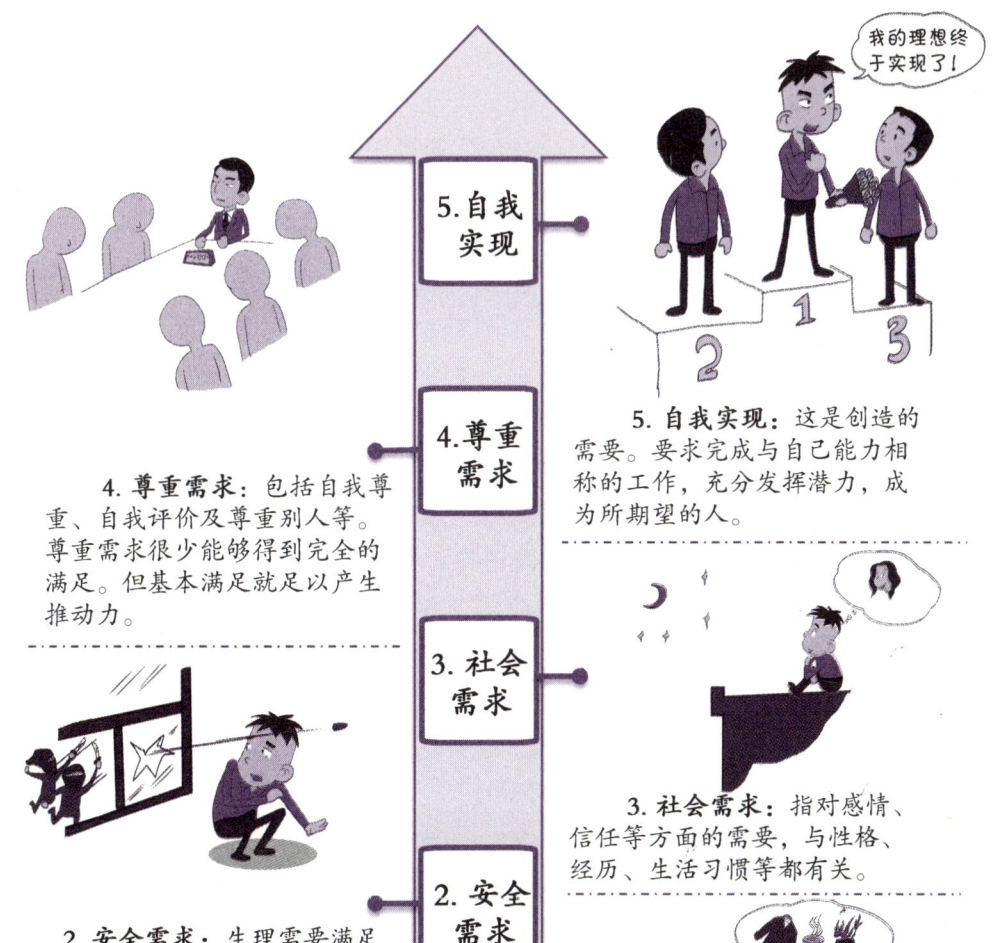

5. **自我实现**
4. **尊重需求**
3. **社会需求**
2. **安全需求**
1. **生理需求**

4. **尊重需求**：包括自我尊重、自我评价及尊重别人等。尊重需求很少能够得到完全的满足。但基本满足就足以产生推动力。

2. **安全需求**：生理需要满足后，就希望有能力保障这种满足，每个人都有获得安全感和自由的欲望。

5. **自我实现**：这是创造的需要。要求完成与自己能力相称的工作，充分发挥潜力，成为所期望的人。

3. **社会需求**：指对感情、信任等方面的需要，与性格、经历、生活习惯等都有关。

1. **生理需求**：这是最底层需要。如吃饭穿衣、住宅医疗等，不满足则有生命危险。

47. 从教室到赛场：应用广泛的自我催眠

自我催眠是一种通过积极暗示，对身心状态和行为进行自我控制的有效的心理疗法，目前在很多国家得到了广泛应用。人类的大脑和神经系统进化到今天，已经完全具备利用自我意识审视内心的能力，人们完全可以通过自己的思维资源进行自我的认知、肯定、强化、治疗、激励与提升，这些实际上都属于自我催眠的应用。

我们已经知道，暗示在人类的社会生活和日常生活中具有非常巨大的作用。特别是在催眠状态下，人们出现被暗示性亢进的现象，使得暗示的内容更容易进入人们的潜意识领域，且具有更强大而且更持久的影响力。

在催眠状态下，如果我们能够不断地强化自己的积极情感、良好感觉及正确观念，使这些正面的情感、感觉、观念等在意识和潜意识中印记、贮存和浓缩，从而在大脑中占据优势，就可以通过多种心理或生理作用机制对人们的身心状态及行为进行自我调节和控制。因此在我们处于考试或者比赛等应激和焦虑状态时，体内分泌的大量去甲肾上腺素引起的心悸、心慌、心跳加速、呼吸增强、头晕、冒汗、胃部不适、下肢发软、皮肤发凉等消极症状，都可以通过一定时间的自我催眠来缓和，甚至彻底消除。

在现代社会中，许多人都成功地应用了暗示乃至自我催眠来保护自己的身心健康。如果把自我催眠作为一种医疗工具，我们会发现它对保护身心健康、改善生活质量来说，确实是非常有利、非常有价值的。相比起去看催眠医生、催眠师或者心理医生来说，自我催眠不需要其他人辅助进行，因此进行自我实践的机会要大得多，这也是它最大的优势。

不过，一定要正视的是：催眠不是一吃就见效的灵丹妙药，更不是包治百病的大力丸。如果只是在很短的一段催眠过程之后，就希望能够彻底改变积累了很多年的不良习惯，这种愿望肯定是不切实际的。只有反复的长期的催眠治疗，才能够产生实质性稳固的变化。通常来讲，诸如吸烟、酗酒这样根深蒂固的恶习，至少需要3~4次的催眠治疗之后才能被真正克服，永不复发。

自我催眠的主要应用

自我催眠是一种通过积极暗示，对身心状态和行为进行自我控制的有效的心理疗法，目前在很多国家得到了广泛应用。人们通过自己的思维资源进行自我的认知、肯定、强化、治疗、激励与提升，这些实际上都属于自我催眠的应用。

改善睡眠、增强记忆力，集中注意力，提高学习效率。

矫正各种不良习惯，美容减肥、戒烟戒酒、戒毒等。

自我催眠的主要应用

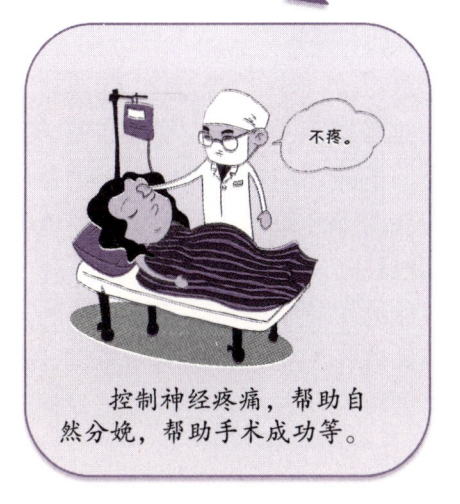

控制神经疼痛，帮助自然分娩，帮助手术成功等。

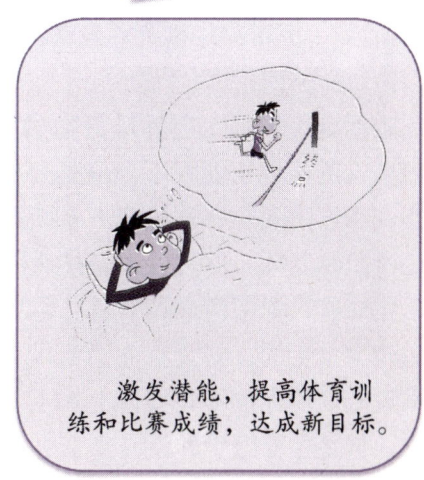

激发潜能，提高体育训练和比赛成绩，达成新目标。

48. 选定合适目标：自我催眠的关键之一

在决定进行自我催眠前，你有没有想过：你要通过自我催眠达到什么目的？这个目的足够明确和合适吗？要知道合适的目标结合正确的自我催眠，会把暗示信息准确无误地传达到潜意识，取得事半功倍的效果。

在实施自我催眠之前，我们首先要想清楚为什么要自我催眠，是为了摆脱疲倦，还是需要减轻忧虑倾向？是想要使自己成为更出色的公众演讲者，还是希望在社交场合更加挥洒自如？

制定目标时需要注意，目标最好清楚精确，简单地说一句"我想要轻松"，就过于模糊笼统，催眠后也无法对轻松进行精确的度量。同时，还要考虑生活中有哪些方面需要改善，或者应该保持什么态度。即使目标只有你自己知道是怎么回事，而其他人无法理解，也不需要担心什么，因为这就是你的需要，你的潜意识会懂得你的心思。

下面这种方法会让你一步步找出现在你最需要的目标。如果你的目标有好几个，就应该把它们比较一下，找到目前最需要的那个。这些事情最好是在自己处于很放松的状态下进行，这样得出来的答案也会比较准确。选定目标的具体方法如下：

列出自己所有的想达到的目标。把所有目标用一张纸列出来，并用数字随意进行排列，一般先排列10个左右。如果一时想不出来也不用着急，可以随想随记，比如你可以这样写：

A. 让自己的工作压力减小一些。

B. 买一部新的相机，并设法将旧的处理掉。

C. 通过英语六级考试。

进行自我催眠。选择最舒适的姿势坐下，准备好目标列表、图表、笔，这样就可以进行自我催眠了。但是要注意，此时还不能立刻完全进入真正的催眠状态，当你感到非常放松或者有沉醉感觉时就应该睁开眼睛。一般人只要能够专心听段轻音乐，就可以很轻松地进入这种放松状态。

把所有目标两两进行对比，在每次两个目标的比较中选出一个你认为相对来说较为重要的，需要优先达到的目标。每个人选择的标准可能有所不同，通常来说有两种标准：自我感觉和实际情况。前者相对比较感性，后者相对比较理性。但是在催眠中并没有高下之分，而是要具体情况具体分析。

目标统计表使用方法

1. 自我催眠统计表如下表所示，浅灰色处为可填写区域。可将所有目标两两进行对比。其中标"×"的是重复比较内容，不用填写。

得分	目标	A	B	C	D	E	F	G	H	I
	A	×								
	B	×	×							
	C	×	×	×						
	D	×	×	×	×					
	E	×	×	×	×	×				
	F	×	×	×	×	×	×			
	G	×	×	×	×	×	×	×		
	H	×	×	×	×	×	×	×	×	
	I	×	×	×	×	×	×	×	×	×

2. 两两比较，如下表，将目标A和目标B相比，如你更愿意实现目标B，就在A所在行和B所在列的交汇处填上B。同样，若目标C和目标D你更愿意实现目标D，则在目标C所在行和目标D所在列填上D。

得分	目标	A	B	C	D	E	F	G	H	I
3	A	×	B	A	D	A	A	G	G	I
6	B	×	×	B	D	B	B	B	B	B
4	C	×	×	×	D	C	C	C	C	I
8	D	×	×	×	×	D	D	D	D	D
2	E	×	×	×	×	×	E	G	E	I
1	F	×	×	×	×	×	×	G	H	F
3	G	×	×	×	×	×	×	×	G	I
1	H	×	×	×	×	×	×	×	×	I
5	I	×	×	×	×	×	×	×	×	×

3. 最后统计灰色区域各个目标出现的次数，比如A一共出现了3次，D一共出现了8次，则在目标A前的得分栏填写3，目标D得分栏前填写8。这样，目标就清晰地呈现出来了。如例表中，目标D出现了8次，比其他所有目标都要多，则说明，你最想要完成的目标为D。

49. 简洁与重要重复：编写暗示语的指导方针

在我们确定了我们想通过自我催眠达到什么样的目标后，我们就可以为自己量身定制暗示语了。由于是自我催眠，从催眠诱导到深化到唤醒全部是自己进行，而我们对自己的喜好是了如指掌的，所以我们可以为自己设计出与其他所有人都完全不同的、完全属于自己的一套暗示语。这就是自我催眠的一个最大特点。在这一步里，我们要认真遵循一定的指导方针。

简洁。当你被自己催眠时，清楚、迅速地理解被暗示的内容对你来说是相当必要的。很多病人对直接暗示更能有效地反应。想象力不是很好的人也可以对直接暗示进行吸收并做出反应，然后所做的规划就能够发生。所以，直接暗示不应该被包含在冗长的独白中。

重复暗示。重复也是非常重要的，甚至可以说是催眠过程中最重要也是最常用的手段，因为它能帮助你循序渐进地增强暗示、延续保留暗示的时间。当你反复接受同一信息，暗示就会变成本能的行为。你会自动、自愿、轻而易举地实施。不管你要暗示什么，你都要最少重复3遍，之后还可以用同义词、近义词等方式再次进行重复。这一特定方式的强化适于使用渐进式放松诱导，比如这种暗示会比较适合："你感觉完全放松，感觉平静、随意、满足。"

可信且渴望。你需要的目标最好是认为自己能完成所暗示的目标，你必须希望去那样做。如果你认为你还不具备改变暗示目标的能力，即使你并不想放弃，但你的潜意识里可能就会抵制它。进一步说，如果你的真实想法其实不想通过律师考试、不想减轻体重或不想成为有影响的公众演讲者，那即使你对自己发出了暗示也只能是表面上的。

制定期限。你不必为自己制定严格的行为改变时间表，但需要在一个合理期限中，指出期望发生某些改变的具体时间。如果你想指定一个立即发生的行为，就用"现在""不久"或"马上"等有效的词。短暂的时间期限也可用如下方式进行指出："不久，你就能回忆起梦中让你害怕的情景，然后情景彻底清晰。""马上，你要举起你的手。""很快，你的手发麻，没有知觉。"

编写暗示语的方法

在自我催眠中,催眠诱导、深化、唤醒全部是自己进行的,我们完全可以为自己量身定制一套属于自己的暗示语。编写暗示语要注意以下几点。

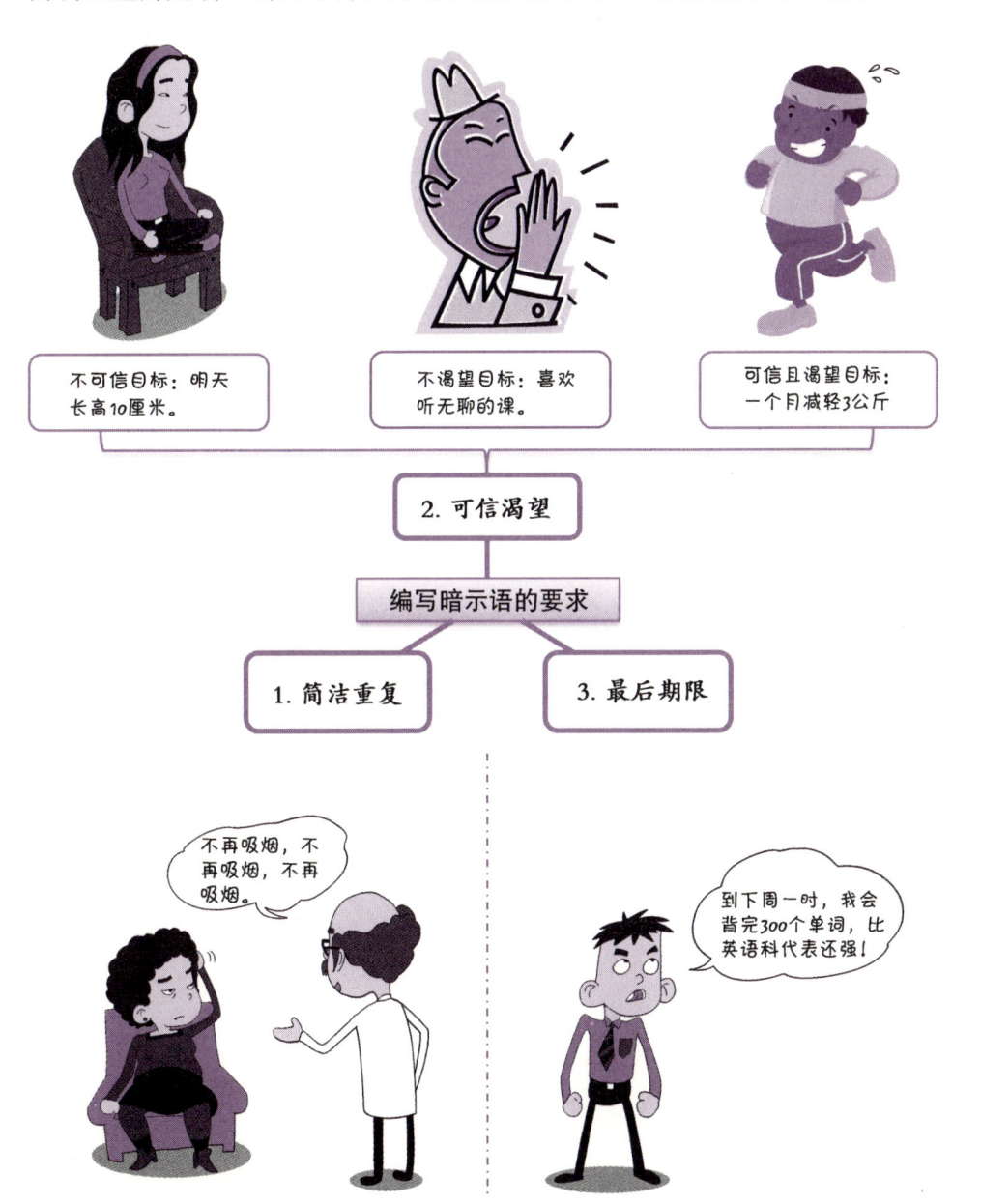

不可信目标:明天长高10厘米。

不渴望目标:喜欢听无聊的课。

可信且渴望目标:一个月减轻3公斤

编写暗示语的要求

1. 简洁重复
2. 可信渴望
3. 最后期限

不再吸烟,不再吸烟,不再吸烟。

到下周一时,我会背完300个单词,比英语科代表还强!

50. 分解目标与增强暗示：自我暗示的技巧

在进行一些剧烈运动或创造性活动的想象时，指定一个期限特别重要，否则一个反应强烈的人可能会持续精神旺盛，直到自己筋疲力尽，结果浪费了时间和精力。而且最好一次暗示限定在一个问题上，如果一次想完成太多改变或突然重新安排生活的几个方面，只会分散其中每一个暗示的效果。

例如，我们不能同时戒烟和减轻体重；也不能同时在两三个月内消除失眠和恐慌症。同时完成两个目标并非不可能，但那样可能会让自己太累，我们根本没必要让自己超负荷。不要把催眠治疗当成神奇运转的齿轮，毕竟我们是人，不是永动机。

把主要目标分解成一系列增强暗示。催眠暗示如果可以直接指向要达到的行为或目标，这个暗示才能算是有效的。分析我们的主要问题和最终目标，比起对次要问题进行改变要重要得多。

当我们从一个暗示中获得了一点成功，就需要继续激发潜能，增强原来的成功。这么做的同时还能让我们感觉轻松，因为我们知道这些行为是对自己有利的，我们的压力会越来越小。成功是一种连锁反应，会引爆继续的成功。所以在开始时，保持暗示适度，依次加强，结果会更加持久。

使用肯定和一致的词语。进行暗示时，尽量使用简单、简短、直接的陈述。要想进行肯定暗示的叙述，可以进行如下练习。你可以将你在生活中想要改变的行为简单地陈述出来，可谈及需要减少或消除的任何习惯。

避免引起思考的放松暗示。在诱导的开始阶段，放松具有非常重要的意义，要保持暗示语的普通以避免引起思考。典型的安全暗示是：放松，漂移到一个相对放松的舒适状态，就感觉到你的整个身体放松……

排除有害暗示。有些暗示是用来检测暗示感受性或增强想象的，例如催眠师暗示受催眠者手臂随着气球升高。如果催眠师之后忘记消除这些不必要的暗示，病人在醒来后还会再次感受到胳膊被提起、漂浮。

有害暗示残留引起的危害

催眠结束后，如果催眠师没有消除某些有害暗示，可能会给受催眠者带来非常严重的危害。因此，催眠师对消除有害暗示都非常重视。

1. 一位催眠师曾在治疗中给一位女士施加暗示：她是公共汽车上的乘客，天正下着雨，雨点滴答、滴答打在玻璃上。听着滴答的雨声，她慢慢感到困倦、昏昏欲睡，很快进入了深深的恍惚状态。

2. 催眠结束后，催眠师忘记了给她消除暗示。结果几天后，受催眠者开车时天下起了雨，她开始觉得昏昏欲睡。幸运的是她知道她所发生的反应，自己排除了有害暗示。

3. 为防护留在诱导中的有害暗示，只需要暗示："现在你马上就会返回正常状态，一切与自我提升无关的暗示都不会对你产生任何影响。"

51. 排除干扰：提高成功率的准备工作

在尝试自我催眠之前，我们有必要做一些准备工作，用以提高自我催眠成功的几率。

首先，要保证自己处于一个当进入催眠状态时不会受到任何人、任何事物打扰的安静空间里。当然，在有足够的经验之后，你也可以在嘈杂或者存在干扰的环境里进行自我催眠，但是在刚开始学习、实施的时候，你必须确保你的手机、CD机以及任何其他的干扰源都被关闭。如果屋里还有别人的话，必须让他明白你不能受到干扰。如果你在催眠中使用磁带或CD，请尽量使用耳机，这样可以帮助你完全隔断那些外在的噪音。

接着，你要为自我催眠选择一个自己觉得最为放松、最为舒适的姿势。你可以坐在直立的椅子上，而且椅子最好不会松动或滑动，你也可以躺在沙发上、床上或者铺有柔软毯子的地板上，要使自己尽量轻松舒适。必要的时候，你还可以用垫子和枕头，因为你可能需要静止地躺上或坐上半个小时左右。此外，不要忘了在催眠开始前去一趟洗手间，以免到时"内急"，干扰催眠的正常进行。

在进行自我催眠之前做一些轻柔的伸展运动，拉一拉肩膀、后背，扭一扭头颈，甩一甩胳膊以及腿部的肌肉。这些活动能够有效地促使你放松身体，使你易于进入催眠状态，而且可以防止你在催眠状态下出现肌肉痉挛等意外情况。

催眠时的穿着并不是很讲究，什么都不穿也未尝不可。衣服必须要宽松舒适。应该解下领带、皮带，摘下手表、耳环、项链等饰品，否则它们可能会使你在躺下或者端坐的时候感觉到不舒适。如果戴眼镜，则还应该取下眼镜，而隐形眼镜也最好先取出，以免在自我催眠结束之后，戴着隐形眼镜进入睡眠状态。

另外，你还可能需要一个定时器，它可以使你只在规定的时间里处于催眠状态。当然，如果你是在睡眠之前进行自我催眠，那就不需要定时器了。关于这一点，你不用担心你会在催眠之后难以醒过来。因为那个定时器只在你快进入睡眠状态又不想睡着时才发挥作用。有一点需要注意，定时器的声音不能太响，否则它会吓你一跳。

催眠师怎么看待催眠规则

催眠师进行催眠时，有些地方他们完全遵循催眠规则，有些地方他们则会按照实际情况灵活处理，并不严格按照规则行事。那么，催眠师是如何看待催眠规则的呢？

如何对催眠规则做取舍

要小心谨慎，一步步严格依照规则。

也要想想为什么要这么规定。

某些规则是原则性的，如不遵守，可能给受催眠者带来严重影响，对此，所有催眠师都必须遵守；而对于一些防止新手犯错的限制性规则，熟练的催眠师可以灵活处理。

优秀催眠师更懂如何活用规则

我比孙猴子还强，我不止有72般变化。

像复读机一样、只懂得背诵催眠语、不能灵活使用的催眠师，不会给受催眠者带来好的催眠效果，思维灵活多变、总能找到最佳方法的催眠师，才能让催眠更成功。

说明：很多规则和建议只是其他催眠师的经验之谈，实践中，如果有更好的办法，完全可以打破或改变这些套路。当然，你必须知道这些操作会带来什么变化，对结果有足够的预期。

52. 磁带还是 CD：选择自我诱导的媒介

当你已经找到了一个感觉最为轻松舒适的姿势，一切准备工作就绪之后，就可以开始进行自我催眠了。但是，到底怎么样才能让自己进入催眠状态呢？这个过程被称为自我催眠诱导，或称自我诱导。

和催眠诱导一样，自我诱导也有很多方式可供选择，但其归根结底是要分散意识的注意，让潜意识能够发挥主导作用。自我催眠与他人催眠的不同之处在于，诱导必须是由自己来完成的。多数催眠师认为二者本质上都是自我催眠，所以自我诱导的成功并不存在障碍，只是进行诱导的媒介、方法稍微有一些差别。

自我诱导最常用的方法就是使用录音。录音的暗示语可以自己来编写，也可以在其他录音内容的基础上进行改写。你可以用磁盘、MP3 或者电脑进行录制，加入你喜欢的背景音乐，也可以让催眠师为你录音，或者在市场上购买现成的 CD。这样，你就可以听"外在"的声音，不用和自己说话或者借助想象的方式而将自己导入催眠状态，但是这样做也有潜在的问题，录音的诱导速度可能会太快或者太慢，不能完美地配合你进入催眠状态的速度。

自我诱导的另一种"媒介"，就是利用意识进行自我诱导，或者借助物体来吸引自己的注意力。这种情况下，你可以控制诱导的进程。从理论上讲，"有意识地"地让自己进入"催眠状态"似乎听起来很矛盾，但是在实践中，由于我们很自然地能让一部分意识与另一部分分开，所以用自己的意识进行自我催眠是完全有可能的。

不论你是让催眠师为你录音，还是买现成的磁带、CD，在自我诱导中，你都需考虑什么语言是最适合自己的。直接的诱导是告诉你在哪里要做什么，感觉如何，比如"现在，你感觉很松弛，你感觉到你的双腿在松弛"。而间接或者非强制性的诱导却会比较随和，同样的例子可能会说成"你也许会感觉到自己有些松弛，可能也意识到了自己的双腿在放松"。两种诱导方式不分对错，无所谓好坏，因人而异。总之，在自我催眠前，我们要知道自己对哪一种暗示的反应更好，选择适合自己的。

自我诱导的三种常用方法

自我诱导除录音法外，还有以下三种方法最常用，这就是松驰法、凝视法和楼梯法，下面就详细介绍一下。

1. **松弛法**：想象你的脚部非常松弛，松弛感从一只脚流动到另一只脚的时候，暗示自己正在进入催眠状态。同时，也要感受这种松弛逐渐在身体中蔓延，从一个部位流向另一个部位，将自己带入更深层次的催眠状态。不要停顿或停止，直至整个身体都感到松弛。

2. **凝视法**：将注意力聚焦在位于眼睛略上方的一个物体，专注地凝视并且深呼吸。暗示身体越来越温暖松弛。同时暗示自己这种温暖的感觉正在增加，正进入更深层次的催眠状态。眼睑开始松弛、沉重，眼皮几乎睁不开了。继续凝视并保持这种呼吸，直到完全闭上眼睛。

3. **楼梯法**：想象自己在楼梯间的最上方，自己正缓慢地逐级地走下楼梯。要数自己缓慢地走下的各级楼梯，并一直观察自己，暗示随着你缓慢地走下楼梯，你会感觉越来越松弛，并逐渐地进入更深层次的催眠状态。想象当你到达楼梯底部时，你会感到完全松弛并进入深度催眠状态。

53. 数数字和走楼梯：再唤醒与深化的方法

进入催眠状态后，接下来要进行的就是深化催眠并对潜意识施加暗示。我们将对这两个步骤做简要的讨论。但是，在接受暗示之前，你还是有必要练习如何进入和退出催眠状态的，所以首先要谈的是再唤醒。

自我催眠的再唤醒。"唤醒"与"再唤醒"是催眠中的常用语。再唤醒是一个简单的步骤。如果你用定时器，则只需要告诉自己，当定时器报告时间到了的时候就要准备起来并慢慢醒来或恢复平常的知觉，或当你从1数到10后就会醒来，感到身心放松。而在没有定时器时，也同样暗示自己从1慢慢数到10（或任何其他数字），同时逐渐平静地从催眠中恢复，并暗示自己当数到10的时候，你醒来而且头脑十分清醒。

如果你采用楼梯或其他的诱导方式，那么你可以想象自己重新登上了楼梯（或走下楼梯，视情况而定），你要暗示自己，当重新走上楼梯时你将缓慢地从催眠中清醒过来，而当到达楼梯的上端后，你会完全恢复、精神抖擞。

自我催眠的深化。在进入催眠状态之后，就要深化催眠。深化催眠并不奇特。通常说来，催眠的层次越深，效果就越好。好的催眠深化方式往往能借助周围的环境。虽然你会尽量找安静的地方进行自我催眠，但是没有一点噪音是不太可能达到的要求，在催眠状态下你可能会听到各种各样的噪音。这些噪音并不完全是阻碍催眠的东西，相反它们可以用来帮助增加自我催眠的深度。比如暗示自己当每次听到飞机飞过或狗叫时，你将会进入更深层次的催眠状态。这种深化方式影响力会非常大。虽然大部分催眠的意图能在相对较浅的催眠状态下就可以实现，但是深化催眠可以让你了解不同催眠层次之间的差异，从而你能更好地体验催眠状态。而你对自己催眠状态的感觉越熟悉，自我催眠的能力也就变得越强。

深化催眠和催眠诱导的方法很相似。数数字是个熟悉的例子，暗示自己每数到一个数字，你将进入更深层次的催眠状态。还比如说走楼梯，你可以再走上或走下新的一层楼梯，每走一步暗示自己催眠的层次正变得越来越深。

会不会陷入恍惚状态醒不过来

很多不了解催眠的人总是对催眠有很多担心，其中一种就是担心自己陷入恍惚状态后醒不过来。真的会有这样的情况发生吗？

1. 催眠跟做梦是完全不同的，处于催眠状态时，我们的潜意识还在保护着自己，有危险发生时，我们就会自然醒来，不会像在做一个不会醒的、充满恐慌和焦虑的噩梦。

奇怪，我不是在自我催眠吗？刚才怎么睡着了？

2. 自我催眠中最糟糕的结果也不过是转入睡眠状态，你会瞌睡一段时间，然后自然醒来，忘记了自己是怎么睡着的。自我催眠虽然也有可能有危险，但是危险发生的可能性是极其微小的，而醒不过来的可能性几乎不存在，完全没必要担心。

3. 告诉自己当走出催眠恍惚状态后会精神抖擞、反应灵敏就是一个好办法。比如我们可以这么暗示自己："我很快就会睁开眼睛。睁开眼睛后，我会清醒过来，精神抖擞，反应敏捷。"

很快，我就会睁开眼睛，清醒过来，精神抖擞，反应敏捷。

54. 放松法：最舒服的自我催眠

放松法的自我催眠算是最舒适的一种方法，它适用于那些平时压力比较大的人群，在舒舒服服的放松中感受那美妙的体验。放松法最好以平躺的姿势进行，并在身上盖一块薄毯。

首先做几个深呼吸，让自己平静下来。想象有一股暖流从头顶缓慢而舒适地流下来，流遍全身，这时你可以这样对自己说：

暖流缓慢而舒适地流过我的头顶，让我的头皮很放松……头盖骨也放松……这股缓慢而舒适的暖流流过眉毛，让眉毛附近的肌肉很放松……让耳朵附近的肌肉很放松……

暖流舒适地流过脸颊附近的肌肉……让下巴的肌肉很放松……下巴平时承担了吃饭、咀嚼、说话的压力，把它彻底地放松下来吧……整个头部都沉浸在暖流里，舒适的暖流，让头部如此地放松，安静……

暖流继续舒适地流过脖子……放松了喉咙附近的肌肉……暖流流过肩膀……肩膀平常承受了太多的紧张、压力与重任，现在，就把它们都彻底地释放掉吧……

暖流流过左手……流过右手……流过整个手臂、手掌，一直流到每一个手指，完全沉浸在这股暖流里，如此放松、温暖……

暖流继续流过胸部，让胸部的骨头、肌肉都放松……暖流慢慢地流过背部，让脊椎与背部肌肉都放松了……暖流缓慢而舒适地流过腹部肌肉，毫不费力，然后呼吸会更加深沉、更加轻松……

暖流流过左腿……流过右腿……让腿上的肌肉一块一块放松……舒适的暖流一直流到脚踝上、脚掌上，流到每个脚趾头上，非常舒适，非常温暖，非常宁静……继续保持深呼吸，每一次呼吸的时候，都会感觉到自己更加放松、更加舒适……

一点一点地，就进入到非常舒适、非常放松的催眠状态里，整个人就像一个大大的棉花糖，像一朵轻松舒展的白云，进入这样放松、美妙的状态里……已经进入催眠状态了……

操作要领：放松法需要你真切地关注自己身体的感觉。有些人会觉得这样很难做到放松，那么，你可以简单地想象有一架心灵的扫描仪把自己从头到脚扫描了一遍，看看自己还有哪里没有放松，那么就都让它完全地松弛下来。而对于那些不容易放松的部位，你可以对自己多暗示几次，充分放松之后，再进行催眠状态下积极的暗示。

难以放松时的做法

有些人在接受催眠或自我催眠时，会感觉很紧张，难以放松下来。这时，我们可以按照下面的方法来让自己逐渐放松。

1. 握紧拳头，再慢慢地松开；握紧拳头，将拳头举到肩膀，再握紧，再慢慢地松开。皱起你的脸，眼睛向上面看，舌头向上顶，再慢慢地松开；收缩你的脖子，肩膀耸起来，再慢慢地、用力地放下肩膀。

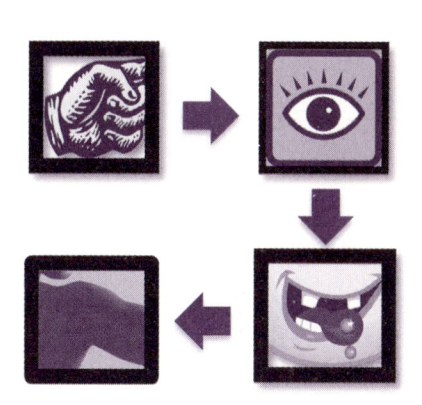

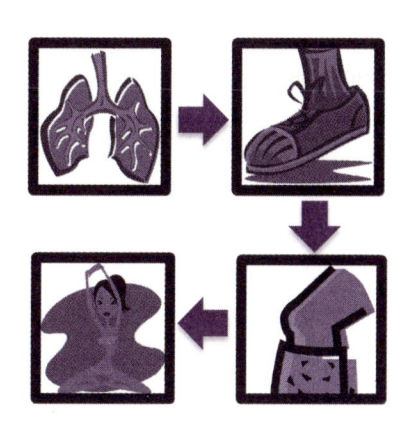

2. 深呼吸，吸气到肺部，让胸腹部慢慢地放松，尽量向前伸你的脚，脚尖下压，再慢慢地放松腿部。尽量向前伸你的脚，脚尖上翘，再慢慢地放松腿部；最后让自己全身松弛。

3. 放松法可以让你全身的肌肉都快速松弛下来。你可以进行反复的练习，直到身体感觉松弛、舒适，甚至有一点疲倦、松软、慵懒的感觉，然后再进行暖流想象。

55. 默坐法：最优雅的自我催眠

默坐法可以说是最优雅的自我催眠法。选择一个安静、独处、温度适宜的场所，将灯光调到自己最喜欢的亮度，可以带点浪漫的昏暗，放上自己喜欢的音乐，点上喜欢的熏香，总之，就是要宠爱你自己。在这样的情境中，使自己进入催眠状态，真可谓是优雅动人的行为。

默坐法是可以随时随地使用的，能够很好地提高注意力，提高各个感官的感受能力。

默坐法，顾名思义，当然是要采取坐姿。选择一个自己觉得最为舒适的姿势，双脚自然地放在地面上，双手自然地放在自己的大腿上，背部自然地靠在椅背上。

默坐法通常可以这样进行：

只是静静地坐着，感受自己的呼吸……静静地坐着……静静地感受自己的呼吸……随着每一次的呼吸，整个人变得越来越平静、安宁、祥和……变得越来越平静……越来越平静……一边深深地呼吸，一边默默地数数，从1数到100，越数越慢，越数越平静，直到你觉得整个人就只有呼吸的感觉，只有气流流过鼻孔、鼻腔、气管，肺部的感觉……

1，心情变得越来越平静……2，心情变得越来越平静，感觉越来越舒适……3，越来越平静，越来越舒适……4，现在，心情非常平静，随着每一次的呼吸，心情变得越来越平静……5，随着每一次的呼吸，心情变得越来越平静……6，现在，心情非常平静，非常舒适……7，静静地感受自己的呼吸，心情变得越来越平静……8，静静地呼吸，越来越平静……9，静静地呼吸，随着每一次的呼吸，心情越来越平静……10，越来越平静……11，非常平静……12，非常平静……13，越来越平静……14，平静……

逐渐地，你会忘记自己数到哪个数字了，好像全世界就只剩下了那种静静呼吸的感觉。这时候，你已进入非常安静、非常轻松、非常舒适的催眠状态了。

这个方法能带领你自己进入比较深的催眠状态，你的内心会浮现一些非常美妙的意象。不过，在进行这个自我催眠方法的练习时，最好能有催眠师针对你的具体情况给出指导和建议。

掌握默坐法的关键

默坐法一般需要多次练习才能掌握。掌握默坐法的关键，在于如何把注意力完全集中在呼吸上，平静而细腻地感受那些气流的吐纳。

1. 选择一个安静、独处、温度适宜的场所，将灯光调至适宜，放上能让自己心情平和的音乐，点上喜欢的熏香。

2. 刚学习默坐法时，很多人会感到自己的头脑中有一些纷扰的念头，让自己没法静下心来。这是无需担心的，我们完全可以把它们想象成天上的一朵朵白云在脑海漂浮，随着注意力的慢慢集中起来后，这些念头就会像白云一样不知什么时候自然地消失了。如果它们始终都存在于你的头脑中，不要因为过度关注它而打破了内心的宁静，让它自然地存在，它自然就会慢慢地流过，消失。

3. 数数的时候，开始可以较快，到后来逐渐随着呼吸的缓慢会自然放慢速度。如果你觉得自己仍然很难集中注意力，也可以轻轻地发出声音数，随着呼吸的缓慢，自己的声音也就会自然地变轻、变柔、变弱，最后自然就会转为心里数数。

56. 想象法：妙不可言的自我催眠

想象法适用于想象力优秀的人，你可以根据自己的喜好，开始想象不同的场景，但最好是你曾经去过的，或者一直想去的地方，如清晨的山顶，迷人的海边等。尤其是当工作疲劳或压力过大时，最适合使用想象法，只要根据自己的需要来进行想象，一定就可以获得美妙的催眠体验。

最好在一个安静的、光线较暗的房间中进行。将身体靠在沙发上或者躺椅上，全身放松，将眼镜、领带、手表、项链、戒指等取下。如果喜欢，也可以放一些轻柔的音乐。

想象法一般是这样进行的：想象眼前有一片云雾，云雾上空有太阳照耀。云雾代表障碍、压力、疲劳和困难，太阳则代表成功、创造和智慧。太阳最初比较朦胧，稍后云雾会逐渐消散，太阳变得明亮，放射出自由、幸福、美好的光芒。步骤如下：

现在缓缓地舒展一下身体……做几个深呼吸……慢慢地闭上眼睛……闭上眼睛以后，继续缓慢地呼吸……呼吸……呼吸……心情随着呼吸渐渐平静……非常平静……非常舒适……数三下，1，2，3，眼前出现了一片云雾，云雾在身体周围缭绕，看见了云雾、云雾……右手的小指动一下，数三下，1，2，3……这些云雾对生活、学习等，构成了障碍……它们代表着不满、失败、压力、挫折、疲劳，它们影响了生活……这些云雾让人感到困惑，感到为难，使自己的情绪感到不快……而现在，在这些云雾的上空，出现了太阳……太阳有些朦胧，有些看不清楚。

阳光逐渐变得明亮，它代表了成功、创造和智慧，你看见阳光渐渐地穿过了云雾……云雾开始慢慢蒸发，而你自己的双肩也开始感到轻松……太阳照射云雾，强烈的阳光将云雾完全驱散了……驱散了，只剩一轮红日……太阳光照在身上，暖洋洋的……太阳光照射进大脑中，你的大脑中也是一片光明……一片光明……把这些太阳光分别命名为"自信力""集中力""创造力""成功力"以及自己所希望的名称……

你把太阳光充分地吸收进体内，使身体里充满了光明，甚至开始发光……现在你数二十下，1，2……20，慢慢睁开眼睛……慢慢地回到现实中来……苏醒，完完全全地回到现实中来……一切恢复清醒状态。

怎样让想象法效果更好

1. 在进行自我催眠想象法时,在想象的过程中要注意,必须完全集中你的注意力,如果配合和想象内容有关的音乐,效果则会更好。

2. 有时候,想象出来的图景可能会不太清晰,不过没有关系,依然可以根据一些指导性的语言来进行暗示。经过了几次自我催眠之后,有了经验,你想象出来的图像就会越来越清晰。

3. 其实,当自己学习劳累、工作疲劳或者压力过大的时候,也可以想象面前有一个巨大的水晶球或者一道温暖的白光,而你则像一块蓄电池,源源不断地吸取着能量。

57. 专注法：给自己充电的自我催眠

专注法是一个比较方便的方法，它可以在任何休息的时间、场合进行，例如会议开始前、考试前、等人或者午休时，只要你能够找到一张可以坐下的椅子，就可以立刻进行。通过自我催眠专注法，醒来以后，会感觉身体就好像被充了电一样。所以，这个方法不仅适合为自己缓解压力，放松心情，增强自信，还可以作为午后补充能量的绝佳方法。

自我催眠专注法一般的进行方式是这样的：伸出一只手，举到你眼睛前面，与眼睛保持水平；也可以把这只手自然地放在大腿上，低头凝视着这只手，然后用力地张开你的手指，让整个手掌张开，集中精力凝视着手掌，静静地体会整个手掌的感觉。

下面是一段可供参考使用的暗示语：

要保持深沉而缓慢的呼吸，集中注意力进行凝视……随着每一次的吸气，都能感觉到小腹在微微地隆起……吸气……呼气……随着每一次的吐气，都把所有的不快、烦恼、忧愁都吐了出去……都吐了出去……

继续保持手指用力张开的状态……继续保持，保持1分钟……充分地体会手掌的感觉……充分地体会……体会这感觉……现在，开始数数，从10数到1，数到1的时候手指会自动地并拢。体会手指颤动，缓慢并拢的感觉……10，专注地凝视手掌，感觉非常放松……9，手掌在渐渐地并拢，感觉非常放松，非常舒适……8，渐渐地并拢，感觉非常放松，非常舒适……7，专注地凝视手掌，凝视它在渐渐地并拢……6，是的，在渐渐地并拢……5，专注地凝视手掌在渐渐地并拢……4，手掌在渐渐地并拢……3，渐渐地并拢……2，并拢……1，并拢……

现在，你感觉非常放松，非常舒适。越来越放松，越来越舒适……继续凝视着手掌，保持深呼吸……渐渐地眼睛感觉非常疲倦，无法再坚持凝视了……眼皮已经睁不开了……眼睛正在慢慢地闭上……好，慢慢地闭上你的眼睛吧，自然地闭上眼睛吧……慢慢地，自然地闭上眼睛吧……已经进入舒适的催眠状态……

在这样的状态下，只要再按照自己内心的愿望对自己进行暗示就可以了，比如："我会度过一个非常美好的下午""我能圆满地解决这件事情"等。醒来以后，会感觉身体就好像被充了电一样。当然，你也可以只是好好地休息一下，在这种催眠状态下，休息也会非常充分，非常舒适，是午后补充能量的绝佳方法，要比正常的午睡更加适合。

专注法使用的注意事项

专注法是一个比较方便的方法，它可以在任何休息的时间、场合进行，是一种简单方便的自我催眠方法。在具体使用中，还需要注意以下几点。

1. 专注法可以在任何休息的时间、场合进行，只要能够找到一张可以坐下的椅子就可以进行。通过专注法，醒来以后，会感觉身体就好像充了电一样。这个方法适合为自己缓解压力，放松心情，增强自信，也适合在午后为自己补充能量。

2. 如果一开始觉得这些很难做到，可以多进行几次，只要注意力足够集中，呼吸保持缓慢而平静，就会发现手指可以自动、自然地并拢，好像是手指在听从你的思想一样。这个方法的关键就是要集中注意力在手部的感觉上，一般进行两次之后，都可以达到非常好的自我催眠状态。

3. 另外，在利用专注法进行自我催眠时，有必要加上保护性的指导语："任何时候，我被人打搅或者遇到其他事情需要我及时醒来，我都会非常愉快地、非常轻松地醒过来，不会有任何不舒适的感觉。"这条保护性的指导语能够避免你被人打搅时出现感觉不适的情况。

58. 前额法：身心愉悦的自我催眠

科学研究显示，当人们心情愉快时，前额体温略有下降，所以通过前额法进行自我催眠，对人们的身心愉悦有非常大的帮助。

前额法和其他方法有很多相似之处，比如一开始，只要选择自己觉得最为舒适的姿势就可以。前额法暗示是这样的：

现在，做几个深呼吸……缓慢而深沉地吸气，呼气……在缓慢而深沉的呼吸中，闭上眼睛……闭上眼睛……当你完全闭上眼睛时，身体就随之渐渐地放松了……随着每一次的呼吸，身体都会更加放松……更加放松……每一次的呼吸都会使身体更加地放松……现在请发挥想象力，想象自己在一片自然的风景当中……这片风景是你自己最喜欢的风景……自己在这里享受着这片美丽的风景……渐渐地，有一阵微风轻轻地吹来……轻轻地吹在额头上……

清爽的微风轻轻地吹来……吹在额头上……额头感觉非常清凉，非常舒适……微风轻轻地吹在额头上……额头感觉非常清凉……非常舒适……心情无比舒畅，无比快乐……微风轻轻地吹在额头上……额头非常清凉……非常舒适……感觉到额头非常清凉……非常舒适……

微风轻轻吹在额头上……额头感觉非常清凉……非常舒适……心情无比舒畅，无比快乐……非常好……额头非常清凉……非常舒适……充分享受这感觉……微风轻轻地吹在额头上……额头感觉非常清凉……非常舒适……心情也变得无比舒畅，无比快乐……额头真的非常舒适……非常舒适……

继续静静地享受……额头感觉非常清凉……非常舒适……微风轻轻地吹在额头上……非常清凉……非常舒适……心情也变得无比舒畅，无比快乐……额头真的非常舒适……非常舒适……

现在，请和这片美丽的风景暂时告别吧，等你想回来时，你还可以随时回到这片风景之中……想回来时，还可以回到这片风景之中……随时随地回来……回来……现在，身体的感觉已经完全地正常了……已经完完全全地正常了……好，请慢慢地睁开眼睛……回到现实中来……完完全全地回到现实中来……苏醒……完完全全地回到现实中来……

精神分析中的前额法

弗洛伊德毅然放弃了经典催眠法后,采用了"前额法"进行催眠。这种前额法和我们介绍的前额法不一样,它也叫做"精神集中法"。

弗洛伊德的前额法

> 现在我的手放在你的前额,你就可以想起一些事情了。

> 弗洛伊德让患者在清醒时回想患病经历或体验,患者不能回想时,就让他闭上眼睛,然后把手放在他的额部,对他说:"我按着你的额头你就能想起来了,那些事出现在你的眼前。不管你想起或看到什么,就直接说出来。"

> 使用"前额法"治疗也可能会出现两个问题:一是用手按压患者的前额,使其难以进行联想;二是不断提问,干扰了患者的思路。这是一个接受暗示程度的问题。

> 可是,你的手干扰了我的思路。

两种前额法完全不同

自我催眠的前额法	VS	弗洛伊德的前额法
• 想象自己的前额变得很舒服,进而将自己导入到催眠状态		• 治疗师把手放在对方额头上,让患者产生自由联想

59. 呼吸法：最简单的自我催眠

呼吸法其实是众多方法中最简单、最易学的自我催眠方法。在运用呼吸法自我催眠时，可以采取仰卧位或者坐式，也可以是其他姿势，总之只要自己觉得舒适就可以。

可以参考以下的引导示例：

好，现在请舒展一下你的身体……找到一个你觉得最为舒适的姿势坐好或者躺好……把身体调整到最舒适的姿势……非常好……现在，请慢慢地闭上你的眼睛，开始完全放松……放松……现在，自由地、轻松地呼吸……对，按照自己想要的速度自由地呼吸……就在这一刻……任由心中的想法自由地浮现……

就像这样，顺其自然地吸气，呼气……对，就是这样，吸气……呼气……这样自然地呼吸着……渐渐地，会感觉到四肢非常温暖……非常沉重……对，就这样，会感觉到四肢非常温暖……非常沉重……非常温暖……非常沉重……

四肢就像浸满了温水的海绵一样，软塌塌的……非常沉重……很温暖……好，就这样……四肢非常沉重……非常温暖……四肢就像浸满了温水的海绵，软塌塌的……非常沉重……非常温暖……

在这个平静、舒适的状态下，心脏在轻柔地跳动着……呼吸中，会感觉到心跳很轻柔……非常缓慢……非常轻柔……非常缓慢……心跳非常轻柔……非常缓慢……非常轻柔……非常缓慢……

不知不觉间……呼吸变得越来越平和……越来越顺畅……非常平和……非常顺畅……

自己的呼吸非常平和……非常顺畅……好，非常好……就是这种感觉……就是这种感觉……在下一次的催眠中，你就会有更加明显的感觉……现在，请记住这种感觉……在下一次的催眠中，你会有更加明显的感觉……

现在，你身体的感觉已经完完全全地正常了……完完全全地回到现实中来……回到现实中来……就在原地，轻轻地拍打自己的身体，缓缓地向左右摇晃几下头，感觉到非常舒适，非常自在……轻轻地拍打你自己的身体，缓缓地向左右摇晃几下头，感觉到非常舒适，非常自在……非常舒适，非常自在……太舒服了……太自在了……

在进行呼吸法时，可以尝试结合放松法来进行，效果将会更好。

中国气功中的呼吸法应用

气功主要可分为动功和静功。静功是指身体不动，只靠意识、呼吸的自我控制来进行的气功。气功有六种呼吸法，也就是气功由浅入深的六个阶段。

自然呼吸：吸气时嘴稍张开，上下牙齿微微相合，舌尖抵住上腭，随着用鼻吸气，腹部要凸起。呼气时，嘴要闭住，舌尖抵上腭，随着呼气，腹部要收缩。

小周天：吸气时腹部收缩，呼气时腹部凸起。用意念引导气循环于上体。呼气时要意识到气由头顶经胸部而下到丹田，吸气时注意气由丹田经尾椎、脊椎而达头顶。吸气时要提肛。站势吸气时脚趾抓地。

大周天：呼气用口，吸气用鼻。呼气时腹部凸起，吸气时腹部收缩。呼气时要意识到气由头顶经丹田下沉到涌泉。吸气时要意识到气由涌泉经尾椎、脊椎、颈项而上达头顶。吸气时要提肛。站势时脚趾抓地。

自然呼吸：腹部的凸缩同自然呼吸，但要比自然呼吸深长。为使内部器官得到平衡发展，不致出现偏差。历经60天，效果同前两个阶段，能使内部器官平衡发展，并能治疗消化、呼吸器官等病症。

喉头呼吸：喉部尽量张开，可加强加深呼吸。这一阶段腹部的凸缩同第二、第三阶段，也要运气于身。此阶段时间为90天，效果是使内脏得到锻炼。

内呼吸：好像是用鼻呼吸，可又感觉不到，实际上，是在用肚脐胎息，练先天之气。吸气时气由头顶百会经丹田、会阴至涌泉。

60. 自我检查：你有没有进入催眠状态

通常情况下，第一次尝试自我催眠的人总会怀疑自己是否真的进入了催眠状态。令他们困惑的问题是自己仍然有意识而且头脑清醒。这是真正的催眠吗？答案是：这当然是催眠。在你的恍惚状态中，主要的生理现象就是深度的松弛感。尽管你的意识非常平静，但仍会有知觉。

其实，从正常清醒的意识状态到催眠状态的变化是一种非常微妙的过程。人们总是全然感觉不到这种转变，以为自己没有成功进入催眠状态，进而怀疑自己的能力，这样就可能适得其反，得不到良好的放松。那么，你可以参考如下三种现象来判断你是否成功地进入到了催眠状态：

1. 注意有没有你所暗示的这种改变

你应用了引起放松的暗示之后，放松的现象的确出现了，比如你变得非常专注你的深层放松的感受。如果有了这种改变，那就说明你正在逐步进入催眠状态。

2. 注意这种改变的程度

你真切地注意到了，感觉到了，你的那些身体感觉的暗示，如冷、热、轻、重、颤抖等产生了越来越明显的效果，好像你真的有了这些感觉一样。比如，你暗示"我的手臂变得非常沉重，抬不起来"，这个时候你感觉到它是真的非常沉重，真的不能抬起来了。如果有了这种感觉，说明你的意识状态发生了变化，你已经成功地进入了催眠状态。

3. 注意是否产生时间错觉

在进行自我催眠时，第一次闭上眼睛前，应该看着时钟，并且记下来（如9点整），当你快要结束催眠，最终睁开眼睛之后，再立刻看一眼时钟（如9点15分）。然后进行比较，实际所用的时间是否比你想象或者感觉所用的时间要长或者要短一些，因为对时间产生错觉是进入催眠状态的明显标志之一。

催眠不是什么神奇的魔法，在真正经历过催眠之后，你会感觉到催眠其实是十分轻松、自然的一种状态。催眠以后，人们的感觉并不是完全相同的，每个人的知觉会存在或多或少的差异，而且进入催眠的层次越深，体验也就会越不一样。在练习自我催眠的时候，你可以体会在催眠的不同阶段，分别会出现什么样的感觉。

自我检查的简要总结

从正常状态到催眠状态是一个微妙的过程。人们常常会感觉不到这种转变，以为自己没有进入催眠状态。我们可以参考三种现象来判断是否成功地进入到了催眠状态。

1　确实带来改变
- 自我暗示确实带来相应的感受。
- 如果你做了"香烟会苦得让人不想吸"的暗示后，香烟确实变苦了，说明催眠成功。

（烟真的变苦了！）

2　感受变得更强
- 暗示产生越来越明显的效果。
- 如果暗示自己会变得很放松后，真的感到放松，说明催眠成功。

（感觉越来越放松了。）

3　产生时间错觉
- 比较实际时间与感觉时间相差多少。
- 如果在催眠中，感受的时间与实际时间相差明显，说明催眠成功。

（感觉大约5分钟吧。）（催眠持续了多长时间？）

61. 持久训练：怎么让催眠效果越来越好

当进行了一段时间的自我催眠后，你可能非常想知道自己所期待的那些结果、那些目标在什么时候或者如何才能表现出来。对于不同的人来说，结果出现、目标实现的时间和方式是不一样的。不过，其中有一些信号和特征是所有人都可以看到的。

一般情况下，在进行3~5次的自我催眠之后，你的态度和行为就会出现明显的改变。也就是说，当你使用同一套暗示语并且在连续几天时间内重复进行了3~5次的自我催眠，那么你肯定就会收到比较明显的自我改善方面的效果。对于另外一些人，可能只需要使用1~2次，就会有惊人的效果出现。即使你属于催眠敏感度较高的后者，仍然需要使用多次自我催眠，以便效果更佳、更稳定、持续时间更长。

医生在给病人开药方时通常会遵循"剂量最小化原则"，那就是要求用最小的剂量达到最佳的治疗效果，因为即使服用得多，效果也一样，而且过量的话甚至可能会有副作用。而自我催眠却是不同的，你越是不断地坚持练习，就越能熟练地掌握催眠技巧，你达到的效果也就越是有效和持久，而且完全无副作用。

如果在使用了自我催眠术十几次之后，仍然看不到任何效果，该怎么办？不必紧张和怀疑，也不必忧虑和焦急，你需要冷静下来找一找原因，先看看自我操作过程中有没有失误，有没有真正进入催眠状态。再看看你的目标与你为目标所编写的台词是否相符，你的暗示语的编写是不是符合规范。假如你的目标是与生理、心理疾病有关的，经过多次自我催眠练习后仍发现没有效果，那么你应该果断地停止催眠，立刻去咨询相关医生，请专业的医生协助你来进行治疗。这样才是理性的态度。

催眠是循序渐进的，效果也是逐渐体现出来的，这个体现的过程有时候是很缓慢的，极少有人只通过一次催眠就能达到自己想要的效果。自我催眠总是会让我们悄悄地发生改变，直到后来的某一天，当你达到催眠的高峰的时候，你才惊喜地发现自己的确已经改变了。

催眠治疗与药物治疗的差异

医生在给病人开药方时，通常会遵循"剂量最小化原则"，也就是尽量用最小的剂量达到最佳治疗效果，那么催眠治疗是不是也是这样呢？

1. 医生开药方时，之所以尽量用最小剂量，是因为很多药物在治疗疾病的同时，也对身体有副作用。剂量太大时，治疗效果没有加强，反而副作用更明显了。

> 我病情严重，你给我多开点药吧。

> 不行，吃多了有副作用的。

> 感觉真好，我能不能多催眠几次？

> 可以，催眠越多，效果越好。

2. 自我催眠却不同，你越是不断地坚持练习，就越能熟练掌握催眠技巧，达到的效果也就越持久，而且完全没有副作用。

3. 一般在进行3~5次自我催眠后，你的态度和行为就会出现明显的改变。对于一些人，可能只需要1~2次，就会有惊人的结果出现。

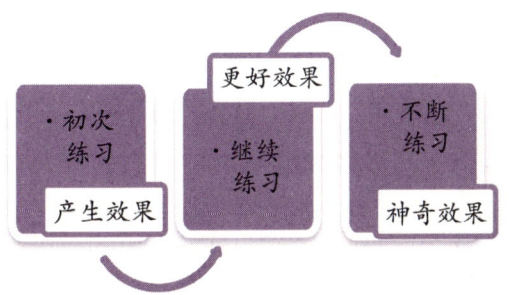

- 初次练习　产生效果
- 继续练习　更好效果
- 不断练习　神奇效果

说明： 催眠是循序渐进的，极少有人只通过一次催眠就能达到自己想要的效果。自我催眠总是会让你悄悄地发生改变，直到后来的某一天，你会突然意识到，自己与以前已经有了很大不同，而这一切都是催眠带给你的。

本章你学到了什么?

不妨写下来吧!

记录日期:

第五章 摆脱困境，催眠助你健康生活每一天

62. 摆脱失眠：睡得香甜的催眠妙招
63. 帮助戒烟：用催眠摆脱尼古丁的诱惑
64. 帮助节酒：今天喝多少，催眠说了算
65. 消除焦虑：用催眠让身心轻松舒服
66. 缓解疲倦：催眠让你从重度疲倦中舒缓
67. 消除挫败感：用催眠找到成就感
68. 摆脱心理阴影：催眠可以拂去心理阴影
69. 寻找失物：催眠帮你找到遗失的物品
70. 偏食矫正：巧用催眠，让孩子不挑食
71. 治疗晕车：用催眠让旅途更舒畅
72. 治疗脱发：催眠让你重获乌黑秀发
73. 治疗肥胖症：用催眠让你体型更完美
74. 缓解疼痛：用症状置换法缓解病痛

62. 摆脱失眠：睡得香甜的催眠妙招

每个人每天有三分之一的时间是在睡眠中度过的，睡眠在某种程度上决定着人们的健康。研究表明，良好的睡眠可以消除疲劳，使人恢复精神与体力，保持良好的觉醒状态，提高工作与学习效率，延长寿命。睡眠质量下降常会引起乏困嗜睡、精神萎靡、头昏心慌、注意力分散、思考困难、记忆力减退、反应迟钝、情绪低落焦躁等症状，这种病症就叫失眠症。

长期失眠，可能并发高血压、糖尿病、心脑血管等疾病，导致免疫力下降、头晕、眼花等症状。而有关调查表明，中国约有3亿成年人患有失眠等睡眠障碍。引起失眠的常见原因是焦虑恐惧、精神紧张、担心失眠。同时躯体因素、药物因素也是造成失眠的原因。

此外，如疾病、不良的睡眠习惯、遗传因素、生活里发生的事情、人格特性等，都可能成为引起持续失眠的原因。某些失眠是因为比较严重的心理困扰引起的，需要找专业的心理医生进行心理治疗，而对于一般的焦虑、紧张及其他原因引起的失眠来说，催眠治疗是最适合的，而且能立刻获得成效。

在自我催眠的所有方法中，下楼梯法对睡眠最有帮助。首先，用催眠引导技巧中的渐进式放松法，让自己进入催眠状态。然后，在内心暗示自己：

我现在要睡觉了，我会睡得很好，睡得很熟，明天×点起床时，整个人精神抖擞，充满活力。

现在，我会从楼梯上走下去，每走一级阶梯，我就更接近睡眠状态，当我走到第二十个台阶时我就会睡着了。

接着就在内心想象自己慢慢走下楼梯，每走下一级，就感觉自己更放松，意识更恍惚、松弛，这样一来，很快就会睡着了。

对于失眠不严重的人来说，自己使用自我催眠的方法就会很有效果。但是那些失眠症非常严重的人，则必须联系催眠师进行他人催眠了。

导致失眠的几个因素

睡眠在某种程度上决定着人们的健康。良好的睡眠可以使人消除疲劳、恢复体力、提高效率、延长寿命，失眠则可能造成各种身心问题。失眠常常是由以下因素导致的：

1. 午睡时间过长，打乱了生物钟，或焦虑、恐惧等情绪。

2. 对酒精、药品的依赖，慢性疼痛等。（借酒消愁愁更愁啊！）

3. 睡前参加了导致身体或大脑兴奋的活动。

4. 内心建立了床与活动的联系，如常常在床上打电话、看书、写日记等。（小丽，你还好吗？我想你了……）

说明：在治疗失眠方面，催眠一直有着不错的效果。如果你也有睡眠不足，甚至失眠的情况出现，不妨对照以上各种因素，找出自己睡眠不好的原因，然后再通过催眠进行有针对性的身心调节。

63. 帮助戒烟：用催眠摆脱尼古丁的诱惑

美国幽默大师马克·吐温曾说："戒烟其实很简单，我都戒过上百次了！"在吸烟者的庞大队伍中，想戒掉烟瘾的人为数的确不少，但成功戒烟的人却少之又少。很多吸烟者都知道吸烟带来的危害，可就是没法戒除烟瘾。这样的人不妨试试用催眠戒烟，也许会带来意想不到的好处。

通过心理疗法帮助吸烟者戒烟的效果一般都很好，因为吸烟更多的是由心理因素所引起的一种替代性行为而非对尼古丁的依赖。下面我们将介绍用催眠的方法帮助人们戒烟。

催眠师诱导受催眠者进入催眠状态，施加催眠暗示。首先，催眠师施加暗示："现在，你已经进入中度催眠状态，你的身心已完全放松，你的感觉也非常灵敏，为此，你感到特别轻松和愉悦……"然后，让受催眠者在头脑中想象自己正点上一支烟，或者实际上就让受催眠者抽着烟，然后对受催眠者暗示："现在，你正抽着，和往常一样你感到香烟的味道很好，很美妙……"

最后，再让受催眠者在头脑中想象正点上一支香烟，或者实际上让受催眠者抽烟。然后对受催眠者暗示："现在，你正在抽烟。不过，这一次和刚才不一样，和以往也不一样，香烟的味道很苦、很呛，非常不好受……现在你继续吸烟，这次味道更苦涩了，更令人难受，你正体验这种苦涩、难受的感觉。好的，现在你口腔里的味道令人不堪忍受，这全是抽烟的恶果。现在你肯定已经不想抽烟了，自己实在不想抽的话，就把烟扔掉吧……现在你扔掉了烟，所以心情特别好。今后，你也不想吸烟了，并且一想到吸烟这回事，口腔里便产生苦涩感，心理上也会出现厌恶感……"

最后，再对受催眠者进行一些有关吸烟危害健康的指导。这些指导中最好加入一些数据和实例的说明，这样就可以把"香烟危害健康"的意识深植在受催眠者的潜意识，并且在受催眠者醒来之后，要对他再次强调香烟的危害。

戒烟一段时间后，可能会再度萌发吸烟的念头。这时，如果个人意志力比较强，能够克制，戒烟就可顺利成功。如果就此松懈，有可能烟瘾会比原来更大，而且也给再次治疗加大了难度。

戒除烟瘾的催眠法

催眠师治疗烟瘾步骤

1 诱导受催眠者进入催眠状态 → 2 准备开始施加催眠暗示 → 3 引导：身心放松、感觉灵敏、心情愉悦 → 4 暗示：想象正在抽烟，感觉很美妙

5 暗示：正在抽烟，感觉香烟越来越苦 → 6 暗示：自己难受的感觉越来越强烈 → 7 引导：这些难受都是抽烟带来的 → 8 暗示：扔掉香烟，心情很好

9 暗示：想到香烟就厌恶，嘴里苦涩 → 10 引导：吸烟对健充满有严重危害 → 11 暗示：无论如何，一定要戒烟

自我催眠治疗烟瘾步骤

1. 首先可以采用自律训练法或其他方法使自己进入催眠状态。之后开始给自己施加有关吸烟给自己带来的负面影响的暗示，再施加戒烟的好处的暗示，最后施加不吸烟的暗示。

2. 为巩固效果，对于香烟的严重危害及戒烟后的好处的暗示，要反复施加几次，使潜意识里牢记这些内容，使戒烟的决心更加坚定。

64. 帮助节酒：今天喝多少，催眠说了算

酒是我们日常生活中常常见到的一种饮品，自古以来，世界各地许多民族都有喝酒的习俗。中国古人把酒称为"天之美禄"，意思就是上天赐给人们的一件美好的东西，古往今来，文人墨客更是写下了无数赞美酒的诗篇。中医认为适量饮酒能促进血液循环，通经活络，祛风湿；西方医学也认为适量饮酒有利于身体健康。但如果长期过量饮酒甚至酒精成瘾，则会导致许多不良后果，轻者有损个人形象、危害家庭和谐，重者导致家破人亡、影响社会安全。

长期饮酒过量并酒精成瘾的症状在医学上称为"酗酒症"，导致该病症的潜在原因要比导致吸烟的原因更加复杂多变，其中包括抑郁、缺乏自信以及在社交情形下缺乏安全感。催眠可以解决其中的一些问题，比如可以让患者在社交时感觉更自信，从而消除喝酒壮胆的冲动。在一些病例中，催眠已经成功地帮助酗酒者戒酒，其方法就是在多次催眠疗程中，通过暗示帮助患者建立自信心，与患者潜意识沟通，暗示患者已经对喝酒失去了兴趣。

无论是对于酒精成瘾的人，还是对于因社交应酬多而不得不喝酒的人，通过催眠来控制饮酒量都是一种很好的方式。

对于因为社交应酬而不得不喝酒的人，可以采用这样的方法控制饮酒量：

先将自己导入催眠状态，然后进行自我暗示。"现在，我的身体很放松、很舒服、很平静，我没有一点烦躁不安，每天过得充实而愉快，就算不饮酒，我也能过得很好。我知道，饮酒过量会导致肠胃、肝肾、心脑血管等器官和组织产生病变，而且还使人记忆力减退、情绪抑郁、焦虑等，我的家人和朋友还会因为这个而不开心。我不想这样，所以从今天开始我会开始控制饮酒量，避免让自己和家人不开心。现在只要我端起酒杯，我就会感到酒是苦涩的，苦得让人难以下咽，喝酒的欲望完全消失了。我会放下酒杯，告诉别人我喝不下了……"

而对于因为酒精成瘾需要戒酒或控制饮酒量的人来说，催眠方法和戒烟的差不多。轻度的可以自己进行自我催眠，中度的就需要采用他人催眠，只是具体的暗示指导语会有所不同罢了。

饮酒对身体健康的影响

　　传统中医与现代西医都认为，适量饮酒会给身体带来一定好处，而过度饮酒则可能给身体带来非常严重的危害。

喝酒的好处和危害

适量饮酒的好处	①摄入适度酒精有助于防止肾脏疾病发生。
	②适量饮酒的人比不饮酒的人发胖可能性下降27%。
	③促进心血管功能，改善血液循环，保护大脑认知。
	④适量葡萄酒有助于降低患2型糖尿病的几率。
过度饮酒的危害	①控制与判断力下降，易引发过激行为，甚至犯罪。
	②容易导致智力衰退、大脑皮质萎缩。
	③容易导致肠胃功能紊乱，甚至胃溃疡之类的疾病。
	④易引发免疫功能紊乱，降低肝炎病毒的抵御能力。

几种有效的解酒食材

食　材	功效及用法
蜂蜜	含有一种特殊果糖，可促进酒精分解吸收，减轻头痛症状，促进睡眠，并且第二天起床后也不感觉头痛。
枳椇子	含大量葡萄糖及苹果酸钙。主治饮酒过度所致的胸膈烦热、头风、口渴心烦等。取枳椇子9到12克，水煎服，解酒效果甚佳。
葛根	含大豆甙，能分解乙醛毒性，阻止酒精对大脑抑制功能的减弱，抑制肠胃吸收酒精，促进血液中酒精的代谢和排泄。
桑椹	具有滋阴补血、润肠通便，以及解酒的作用。《本草纲目》记载将其捣汁饮，能解酒精中毒。
高良姜	对解酒、清除体内酒毒等都有功效。取高良姜10到15克煎服可治饮酒过量引起的身寒呕逆。

65. 消除焦虑：用催眠让身心轻松舒服

生活压力、工作压力等因素已经成为现代都市人精神紧张的重要原因，因此很多人认为，焦虑是因为生活压力和工作环境等外界因素引起的。而实际上，焦虑主要来自于焦虑者的心理活动。很多情况下，我们完全不必焦虑，但是我们仍然出现了焦虑的症状。

很多情况下，焦虑是因为我们过高地估计了危险或压力。在我们过高地估计危险、不断地预测灾难时，我们的焦虑感会大幅度增强。在这种情况下，我们可以通过催眠来消除焦虑。

首先，通过深呼吸来放松身体。闭上嘴，舒缓地深吸一口气。屏气一会，然后缓慢而顺畅地呼气，尽可能地呼出体内的气体。暂停一会，把注意力放在暂停上，然后又吸气。目标是缓慢、深而完整的呼吸。深呼吸会阻止你呼吸加快。

扫描体内所有的紧张感。你的脖子和肩最有可能紧张。如果发现肌肉紧张，就放松。如果你无法放松，就使肌肉尽可能地紧张。如果你能增加肌肉的紧张感，你也就能减轻肌肉的紧张感。你在紧张和放松你的肌肉三或四次后，紧张感会明显地减轻。

停止想法。当头脑里开始出现焦虑情绪的苗头时，我们可以马上在内心大喊一声"停下！"。这个没有喊出来的声音会让焦虑情绪不再蔓延，这时我们可以迅速地用暗示语取代焦虑情绪。

暗示语。记下自己所有的焦虑情绪下的心理活动和身体反应，并对每一个心理活动和身体反应写下简短的对策。例如对于"飞机会坠落"的焦虑情绪，你可以写下："统计数据表明，飞机失事的概率比火车、汽车失事的概率，甚至比出门被车撞的概率都要小得多"。总之，对事情做现实的评价是处理灾难性预测的最好方法。另外，你可以嘲笑一下上一次类似的没必要的焦虑情绪，这样可以让焦虑情绪降到更低。

平静地接受焦虑带给你的感觉。与自己的感觉对抗，只会让我们的焦虑感更强烈。只有平静地接受自己的焦虑感，才能让它结束得更快。

解除焦虑的催眠疗法

很多人认为焦虑是生活压力和工作环境等外界因素引起的，而实际上，焦虑主要来自于焦虑者的心理活动。通过催眠，我们可以有效解除焦虑。

> 你内心知道，焦虑是不必要的，也是没有用的。

1. 很多情况下，焦虑是因为过高估计了危险或压力。这时，人们的焦虑感会大幅度增强。在这种情况下，我们可以通过催眠来消除焦虑。

2. 对焦虑者的催眠治疗，一般分为三步，每个部分达到预期效果后才能进行下个部分，否则后面的部分将不会有预期效果。每个步骤中，催眠师都会使用不同暗示语。

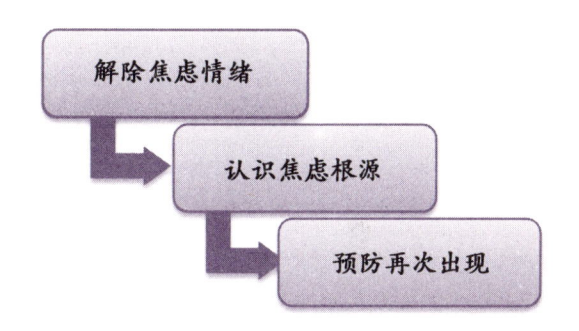

解除焦虑情绪 → 认识焦虑根源 → 预防再次出现

催眠解除焦虑的暗示语

解除焦虑暗示语：
1. 从现在开始，焦虑慢慢消失，只有轻松和愉悦了。现在你已体验到很轻松，没有焦虑了。
2. 疾病能迅速恢复的主要原因，是你自己能认识到产生焦虑的根源，焦虑是不必要的。
3. 通过催眠治疗，你将产生抵御刺激的免疫力，能很好地适应社会，成为真正健康的人。

66. 缓解疲倦：催眠让你从重度疲倦中舒缓

假想一下：你每天工作都非常忙碌，现在你在紧张忙碌地工作了一整天后又加班了一整个晚上，第二天上午怎么也打不起精神来。可是又要去见一个非常重要的客户，必须马上摆脱全身疲倦的感觉。可是喝了咖啡、浓茶什么的都不起作用，你还是非常疲倦。这时该怎么办呢？当然了，自我催眠就是一个很好的选择。

前面已经讲过，催眠具有消除疲劳、保持精力的特殊作用。无论在赛场上、考试中还是会议时，通过自我催眠都能够迅速消除疲劳，保持充沛体力。有时只需短暂的催眠时间，就能获得意想不到的效果，伤痛也能立即解除。对于舒缓疲倦，可以通过这种方式自我催眠：

现在以你最舒服的姿势坐好或躺好，双手双腿都以最舒服的方式放好。开始慢慢深吸气，屏住呼吸2秒，呼气。你慢慢地从一数到五，然后闭上眼睛，感觉到脖子与肩膀在放松，手臂与小腹在放松，大腿与小腿在放松。很好，继续慢慢地深吸气，屏住呼吸2秒，呼气。随着这样有规律的均匀呼吸，你开始对自己默念：

"现在，我要将疲惫、冷漠的感觉从身上赶走。每一次呼气，我身体上的疲倦感就会减少；每一次吸气，我身体上的活力感就会增加。我会一直保持精力、兴趣和热情。当我变得更加精力充沛时，我的情绪也更加愉快，做事情时也更加快乐。现在，我的身体就像蓄电池一样快速地补充着能量，每个细胞都吸收着能量与活力，在我睁开眼睛之后，我的身体就像充满了电的电池一样，感觉精力十分充沛。我感觉自己好像获得重生一般，身体充满的能量向外散发着金灿灿的光芒。这让我感觉如此良好，很有精神。我感觉非常地安全和舒服，我的身体的每一个细胞都充满了能量，我可以感受到它们的活力带给我的健康感。我的身体很放松……"

最后，最后一次深呼吸：慢慢地深吸气，屏住呼吸2秒，呼气。放松……现在，你慢慢地从五数到一，当你数到一时，睁开眼睛，仔细地感受你现在的心境。

疲倦产生的原因及症状

催眠具有消除疲劳、保持精力的特殊作用。无论在哪里，通过自我催眠都能够迅速消除疲劳，保持充沛体力。

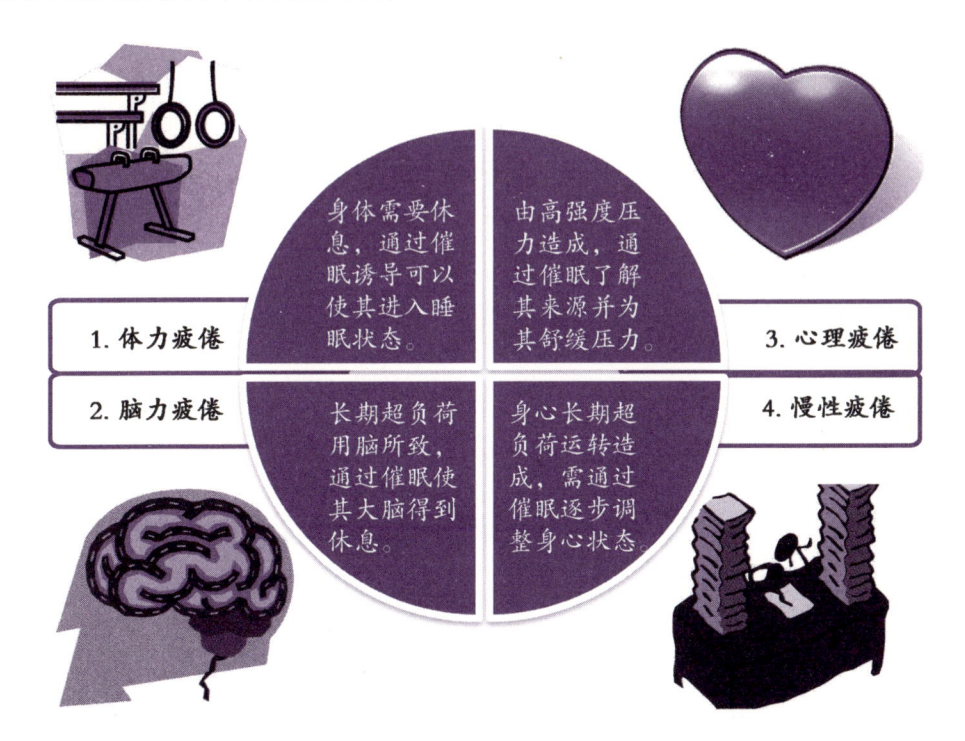

1. 体力疲倦：身体需要休息，通过催眠诱导可以使其进入睡眠状态。
2. 脑力疲倦：长期超负荷用脑所致，通过催眠使其大脑得到休息。
3. 心理疲倦：由高强度压力造成，通过催眠了解其来源并为其舒缓压力。
4. 慢性疲倦：身心长期超负荷运转造成，需通过催眠逐步调整身心状态。

类型	原因	症状
体力疲倦	由于过强的体育运动造成的。	表现为手脚酸软无力，全身体能明显下降。
脑力疲倦	由于长期进行脑力劳动造成的。	表现为头昏脑胀、记忆力下降、注意力涣散、失眠等。
心理疲倦	由于高强度紧张感与压力造成的。	表现为情绪沮丧，抑郁或焦虑。
慢性疲倦	由于经常劳碌奔波、加班造成的。	表现为全身疲劳，有时与感冒症状相似。

67. 消除挫败感：用催眠找到成就感

以前比你差得多的同学现在什么都比你好，比你迟几年到公司的同事现在成了你的领导，你觉得自己几乎一无是处……生活中总是有很多事情让我们有挫败感，这种挫败感有时可能会让我们的工作、社交和爱情都变得困难重重。通过催眠，我们可以消除挫败感，增强自尊心，提高积极性，从而逐步走向真正的成功。

很多时候，缺乏自信心是父母亲长期的批评和否定造成的，结果我们的潜意识里形成了各方面都不如人的观念，对自己的能力评价过低，害怕失败，不敢尝试新事物。害怕失败是一种非常消极的心理，它让我们觉得自己不配成功，让我们觉得自己即便成功也只是偶然，而且迟早还是会失败，这种心理阻碍了我们的发展。

对于树立自尊心、消除挫败感，我们首先要承认自己的局限，愉快地接受真实的自己，同时进行自我催眠，利用意念法来改变自己。实际操作方法是这样的：

将自己导入到催眠状态，然后开始想象面前有块黑板，上面写满人们对你的负面评价，这些评价总是阻碍你前进，没有把你的优秀的一面展现出来。你拿着黑板擦将那些负面评价一个一个擦除。擦除的每一个负面评价以后都不会对你有任何意义，不会阻碍你朝任何方向前进。你把黑板擦得非常干净，然后开始写下描述自己的积极评价，把自信、能力、价值等方面的内容都写下来。这些词语将替代以前的负面评价，帮助你快速迈向成功。

想象自己更自信，每天越来越接近你的目标，每天你都让原来的方式随风而逝，想象自己站在很高很高的位置上，你为自己的改变感到非常自豪，你的行为举止和思考方式都注定你会成功。你会以一种积极健康的心态来努力奋斗，实现梦想。想象自己现在是一个自信和成功的人，与同事、上司和下属交流时都显得自信和洒脱，你的魅力和自信让他人感到十分佩服，每个人都对你有很强烈的好感和浓厚的兴趣。

为了消除挫败感、体会到成功的感觉，我们必须确定自己是有能力获得成功的。意念法能够帮助你把自己想象成一个有价值的人，一个能够实现自己目标的人。

战胜挫败感的几个小建议

害怕失败是一种非常消极的心理，严重阻碍了个人的发展。对于如何战胜挫败感，除了自我催眠外，下面的几个小建议也会有很大的帮助。

1. 想象自己健康而有能力

2. 让行内高手给你建议和支持

3. 多联系生活态度积极的朋友

4. 给自己积极的建议，把问题当挑战

说明： 挫败感严重的人往往缺乏自我改善的意愿，他们在通过自我催眠治疗时，可能不会取得特别好的效果。因此，对于挫败感严重的人来说，接受心理治疗或催眠治疗可能是比自我催眠更好的办法。

68. 摆脱心理阴影：催眠可以拂去心理阴影

曾经有位歌坛天王级巨星在一次演唱会之前陷入了莫名其妙的恐惧中，他认为自己的声音变得非常沙哑了，但经纪人却说没什么变化，可是他坚持认为自己的声音变得很讨厌，并透露自己最近三年一直被这种担心折磨着。后来他进行了催眠治疗，催眠师发现他正好三年前做过割除扁桃体的手术，那时他就担心声音会受影响，催眠师认为问题一定出现在这里，于是让他回忆当时的情境。巨星回忆起一个细节，医生在结束手术后曾对身边的护士说："好了，这位歌星就这样结束了。"这句话本来是说手术结束，但巨星的潜意识却不是这么理解的，本来他就担心手术，结果医生的话似乎证实了他的担心，于是他就一直觉得自己的声音受到了手术的影响。催眠师得知了真相，使用了编故事法，从此巨星再也没觉得声音沙哑了。

对于巨星来说，这次手术就是一次心理阴影。以暗示为基础的催眠疗法对于心理阴影的消除能够提供非常大的帮助。具体方法一般是这样的：首先将受催眠者导入催眠状态，接着开始让他回忆起产生心理阴影的事件，最后催眠师对这些事件进行详细地分析、解释、说明。有时还会运用另外一种方式，比如让受催眠者再度体验、经历当时的事件，在催眠师的暗示诱导下，使受催眠者产生与之前事件不同的、恰当的反应。

有时催眠师没法使受催眠者回忆起跟心理阴影相关的记忆，这很可能是因为产生心理阴影的不是某一个特定的事件，而是整个生活环境背景下长期巨大的压抑，这时催眠师会采用编故事法来治疗。方法是编造一个合情合理的，与受催眠者的生活经历有关的故事，把这个故事告诉受催眠者，说这就是受催眠者亲身经历的事件，只不过他自己忘记了。然后催眠师再对事件进行分析，对受催眠者进行指导。受催眠者如果相信这个故事，并且认为确实是该事件导致了心理阴影的产生，就可以收到非常好的效果。但如果受催眠者的潜意识已经察觉到了催眠治疗师的"欺骗"行为，那么就会对催眠治疗师的催眠暗示进行抵抗，成功率就小很多了。

通过催眠摆脱心理阴影的步骤

1. 首先，催眠师要将受催眠者导入到催眠状态，引导受催眠者逐渐回忆起造成心理阴影的场景与事件，让受催眠者因为心理阴影造成的不良情绪得到适当程度的宣泄。

> 那年我吃饼干差点噎死……

> 告诉我，为什么你看见饼干就会害怕？

> 你知道，害怕饼干是荒谬的。

2. 然后，催眠师会对这些事件进行详细地分析、解释、说明，引导受催眠者了解整个过程，使之明白心理阴影存在的荒谬性及带来的危害，帮助其建立起面对心理阴影的勇气与摆脱心理阴影的信心。

> 如果我想吃，就把它吃掉。

> 现在你看到饼干了会怎么做呢？

3. 还有一种方法就是：催眠师将受催眠者导入到催眠状态，引导受催眠者进行时光倒流，使之仿佛回到过去，体验造成心理阴影的事件，并在催眠师的暗示下重新做出恰当反应，由此摆脱心理阴影。

69. 寻找失物：催眠帮你找到遗失的物品

很多人做事情都有丢三落四的毛病，总是到了需要用什么东西的时候就满世界找，有时会发现自己着急用的东西怎么也找不到，不知道放在哪里了。下次遇到这种情况别着急，因为你已经学会了"万能"的催眠，通过催眠说不定就可以帮你把东西找回来。

通过催眠找东西其实和通过催眠回到儿童时代的方法差不多，都是一种记忆的回溯，只不过一个是很近的过去，一个是久远的过去。我们利用的原理就是通过催眠进入我们的潜意识，循着一些能够回忆起来的线索，把我们回忆不起来、却依然存在于大脑里的记忆翻出来看看，就像警察调查失窃案件时会把监控录像翻出来看看一样。

例如你找不到你周岁时候的照片了，只记得你最后一次看到它是上周三晚上，你可以这样做：

先将自己引导进入恍惚状态，然后进行记忆回溯。假想自己面前有一面钟，时钟是倒着走的，因此时间会倒退。"时钟倒退着走，走的速度越来越快，越来越快……一直到了上周三的晚上，然后时钟缓缓地停了下来。现在，我知道自己的手上就拿着当时的照片，我要开始把它放在一个地方了，我看到自己站起身，把照片放在了一个地方后就转身去客厅看电视了。我知道自己放在那里了。"这时，如果"记忆回溯"催眠进行成功了，你的脑海里就会出现你把照片放在某个地方的画面。在你知道了地点之后，记得再通过催眠把时间调回来，不然你可能会停在上周三的记忆那里没法回来。方法依然是时钟的想象，不过这次是时钟正转。"时钟正常地走着，时间在流逝，我会从上周三慢慢回到今天。时钟的速度越来越快，越来越快……昨天，今天。是的，当我睁开眼睛后，我会回到现在。身体非常舒服，心情特别好。我不会有任何不适。我记得我把照片放在哪里了。"

通过这种方法找东西还有一些小诀窍，你可以把关于失物的一些小线索，例如它的外形，有关它的故事，前后发生的事情等等，都放到催眠暗示语里去，这样可以充分地调动起你潜意识里的东西，最大概率地找到你丢失的东西。

记忆回溯找失物的步骤

通过催眠找东西就是通过催眠进入我们的潜意识，循着一些能够回忆起来的线索，把我们回忆不起来、却依然存在于大脑里的有关记忆翻出来看看，就像警察调查失窃案时把监控录像翻出来看看一样。

第一步
- 先将自己引导进入恍惚状态，然后进行记忆回溯。

第二步
- 回溯到最后一次看到失物的时间，开始在记忆里寻找。

第三步
- 通过时钟想象将时间调到当前时间，开始找东西。

70. 偏食矫正：巧用催眠，让孩子不挑食

　　偏食是一种不良的饮食习惯，长期偏食会给生活造成不便，影响人体的营养平衡，对身心健康造成一定影响。偏食可能出现在任何年龄阶段，少年儿童偏食的比例相对来说更大一些。

　　偏食有很多种表现，有的儿童不喜欢吃肉类或者青菜，有的成年人不吃大米白面，只吃大豆面或玉米面。如果你问他们为什么会这样，他们往往自己也答不上来，或者告诉你各种奇怪而不成立的说法，实际上他们的偏食只是一种在心理上形成的条件反射。他们偏食的原因大多是一些后天的生活习惯或心理刺激造成的。偏食常常与童年的生活经历和生活习惯有着密切联系，只有非常少的偏食者的偏食原因没法查明。对于儿童因为心理原因造成的偏食，催眠是一种非常有效的方法。

　　对能查明原因的偏食者，催眠治疗的核心是分析；而对无法查明原因的偏食者，除了给予耐心的解释和安抚外，还要给予强有力的后催眠暗示。如果在催眠治疗中能够利用系统脱敏治疗法，治疗效果会更好一些。系统脱敏治疗法见效较慢，但疗效稳定，一般可以通过以下指导语来进行：

　　你已经全身放松了，全身都非常非常地轻松，你仿佛闻到一股淡淡的花香，这股清香使你头脑清醒，聪明伶俐，智慧大开。这股清香来自前方的一块青菜地，你看菜地里鲜花盛开，蜜蜂飞舞，你心中充满了喜悦，每天都能生活在这样的环境中多幸福啊！青菜里含有大量的维生素和对人体有益的微量元素，如钙、铁、钾、钠、镁等，如果经常吃青菜，吸收大量维生素和这些微量元素，身体会更加健康，头脑会更加聪明，考试成绩会提高。你想吃青菜吗？现在给你做一盘烧白菜，你来尝尝味道怎么样？好吃吧！既然好吃，以后就应该多吃！你以前不吃青菜的坏毛病已经治好。今后在吃饭时你见啥吃啥，不挑食，只有这样才能均衡吸收营养，才有利于身体正常发育。

　　在催眠治疗中，需要注意的是，我们必须确保上一项暗示起到了作用，才能施加下一项暗示。

儿童偏食的严重危害

偏食是一种不良的饮食习惯，长期偏食可能造成营养不良，影响人体的正常功能，给生活造成不便，相对来说，儿童偏食的比例更大一些。

1. 大部分偏食儿童喜欢高糖、高脂食物，如糖果、汽水、速食、炸鸡、西点等。

看吧，这就是鲜明的对比啊。

2. 一般偏食儿童营养不均衡，比同龄儿童要瘦且矮。有统计显示，20%以上的偏食儿童平均身高比同龄孩童低6厘米，平均体重轻2千克。

不行，下次数学及格了才能吃！

我要鸡腿，不要青菜！

3. 偏食会影响儿童脑部与身体肌肉的成长与发育，也会引起注意力不集中，情绪低落或脾气暴躁。蔬菜、水果的摄取量不足可能造成学习能力低及在校整体表现不良等状况。

71. 治疗晕车：用催眠让旅途更舒畅

如果让你选择出差还是旅游观光，你会怎么选？对于有些人来说，这两个选择差异并不大，因为这二者对他们来说都会是一件令人烦恼的事，他们的身体会在旅途中出现不适。就算是旅游观光，他们也会感觉旅游的乐趣打了很大的折扣，因为他们坐车坐船常常会头晕、恶心甚至呕吐。

从生理方面来看，晕车是由于耳部深处掌管方位、平衡感觉的半规管在不规则颠簸下过度兴奋，引起自律神经失调，对内脏造成副作用而引起的；从心理方面看，晕车是因为负性的心理暗示造成的。无论是哪种晕车，催眠都是一种好的治疗方法。

自我催眠法的实施过程是这样的：用腹式呼吸让自己心情逐渐平静下来，然后用适合自己的方法在轻松的气氛中渐渐进入催眠状态。在额部凉感的练习后，进行想象法的训练。每天一到两次行为想象疗法，持续几周以后，生理上和心理上都会在潜移默化中增强对乘车眩晕的抵抗力，从而达到治疗和克服晕车、晕船的目的。

他人催眠与自我催眠大同小异，具体方法就是催眠师将受催眠者诱导至催眠状态，引导受催眠者开始想象晕车时的情景。暗示语是："你现在正在一辆汽车上，车子颠簸得非常厉害。刺鼻的汽油味使你心里感到难受……晕眩、恶心……去体验这种晕车的感觉吧……你很想让身体舒服一点，但越是这么想晕得越厉害。放心，按照我的指导做，你就可以摆脱晕车的感觉。现在，你开始做一下深呼吸……要趁车子颠簸的时候深呼吸。只要你这么做，你的情绪就会慢慢地稳定下来。现在，我从 20 倒数到 1，我每倒数一个数字，你的情绪就会稳定一点，当我数到 1 时，你的情绪就会完全稳定，肯定没错的！"

完成上面的暗示后，催眠师应继续进行暗示："现在虽然车子很颠簸，车子里很闷热，但你的心情却丝毫没有受到任何影响，你从容地欣赏着车外迷人的景色，心情异常地平静，全身感到非常舒服……从此以后，你不会再晕车，你会感到乘车旅行是种快乐而幸福的体验……"

这样进行几次催眠的治疗后，晕车很快会痊愈。

晕车的原因和预防措施

晕车的生理及心理原因

- 从生理方面来看，晕车是因为耳部深处掌管方位、平衡感觉的半规管在不规则颠簸下过度兴奋，导致自律神经失调，对内脏造成副作用而引起的。
- 从心理方面看，晕车是因为负性的心理暗示造成的。

防止晕车的几个建议

1. 戴上耳机听音乐，调大一点音量，干扰内耳对平衡刺激的反应，不至于对内脏产生副作用。

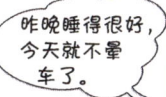

2. 乘车前不要进食过饱，也不要饿着肚子。保证好睡眠，养好精神，可以明显缓解晕车症状。

3. 尽量坐在汽车的前部，减轻颠簸给身体带来的不适感，同时打开车窗，呼吸新鲜空气。

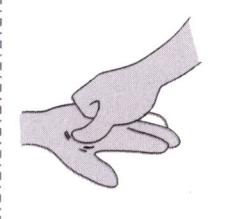

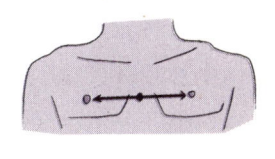

4. 用右手拇指点按左手虎口正中的合谷穴，或按在体前正中线、两乳头中间的膻中穴。

72. 治疗脱发：催眠让你重获乌黑秀发

　　头发对于每个人都有着很重要的作用，它直接关系到个人仪表和头部的健康。正常人从出生到成年，一般可以生长一百万根头发。在正常情况下，平均每个人每天会脱落大约 70 根头发。在梳头和洗头时，头发可能脱落得更加厉害一些，因为那些已处于休止期但又还没有脱落的头发会因受到外力的牵扯而脱落。一般情况下，如果一个人每天脱落的头发超过 100 根，甚至导致头发稀疏，就会被认为是一种病态，这种病症被称为脱发。

　　现代社会中，人们承受的压力日益加重，脱发的人越来越多。最近有美国研究者认为，催眠是一种不错的治疗脱发的方法。因为脱发症是一种自身免疫性疾病，而催眠则有助于身体免疫系统的改善，从而达到治疗功效。同时，催眠有助于受催眠者消除恐慌心理，更有信心面对病症，一定程度上促进了药物对脱发的疗效。多数催眠专家认为，催眠有助于血液在脑部和大脑皮层内的循环，从而促进脱发部位的头皮得到滋养而重新恢复活力。

　　治疗脱发的催眠过程是这样的：让受催眠者采取卧位或坐位，催眠师进行催眠诱导，使其进入催眠状态，然后施加暗示："你已经进入很舒服的催眠状态，心情非常轻松，身体非常舒畅。你知道，脱发一般是由精神紧张造成的，精神紧张容易造成植物功能失调，使头皮和头发供血发生障碍，如果头皮的某一部位影响特别严重，就会引起脱发。只要心情舒畅，植物神经功能障碍就会排除，毛发就会再生。现在你的心情非常舒畅，你会一直保持心情舒畅。你的植物神经功能已经调整好，脱发部位毛囊内的营养已经改善，不久头发就会慢慢长出来。"然后，催眠师用食指指腹反复按摩脱发部位，直至脱发部位有明显的热感，同时施加暗示："为了加速头发的生长，我现在开始按摩你脱发的部位，在按摩时，你会感觉头皮逐渐发热，脱发部位血液非常流通。即使醒来，这种温热舒适的感觉也会始终保持下去。脱发的病因已经消除，你的头发很快就会非常茂密。"

　　一般情况下，脱发如果没有遗传方面的原因，三个月后，脱发症便能有明显的改观。

预防脱发的注意事项

如果每天脱落的头发超过100根，甚至导致头发稀疏，就会被认为是一种病态，这种病症被称为脱发。那么，如何预防脱发呢？

1. 维生素和蛋白质的缺乏是导致脱发的重要因素。在饮食中合理的搭配维生素和蛋白质有助于头发生长和身体健康。

2. 平时生活中，如果能注意细心呵护头发，也能很大程度预防脱发。在头发处于湿润状态时更脆弱，不能用力梳；染、烫、卷等操作都会损害头发。

3. 现代生活中，许多人面临着各方面压力。压力过重会引发包括脱发等各种身心疾病。平时我们应该关注身心健康，及时舒缓压力，多锻炼，养成良好的生活习惯。

73. 治疗肥胖症：用催眠让你体型更完美

随着生活水平的提高，人们的营养状况得到了改善，"发福者"日渐增多。肥胖是一种以身体脂肪含量过多为主要特征的、多病因的、能够合并多种疾患的慢性病。

在很多人看来，减肥必须限制食物的摄入量和某些食物的摄入，对于想减肥的人来说，这是一件非常痛苦的事。因为限制食物摄入的方法会遭到潜意识的抗拒，很多人在坚持不久后就放弃了，结果前功尽弃。催眠疗法可以很好地解决这一问题，既可达到限制食物的目的，又可以不引起潜意识的抗拒。

通过催眠来达到减肥目的的具体做法，首先是通过自律训练法的练习，进入自我催眠状态。在这种状态中，对自己作如下暗示。

关于肥胖危害的暗示。"肥胖会导致高血压、糖尿病、心脑血管等疾病，只有减肥才能远离这些危害。胖是因为吃得太多，运动得太少，只要我吃得少、吃得清淡，多些运动，就能瘦下来……"在自我催眠状态中，对减肥的动机进行反复的强化并使其渗透到潜意识中，可以巩固决心，也能起到良好的督促自己的作用。

改变自己不良饮食习惯的暗示。"我必须少吃那些高热量的食品，用清淡和高纤维的食品替代。我完全愿意这么做，我不会有任何抗拒情绪，这样可以帮助我变得苗条，获得好身材。当我的身材变得很完美的时候，那是多么令人愉快的事情。从现在开始，我要尽量少吃动物脂肪和甜食，这样会让我的身材变得更加完美。"

避免自己吃零食的暗示。肥胖者还会吃一些自己喜欢的小零食和甜点，这就在无声无息中吸收了很多热量，这是一个非常不好的习惯。对于这种情况，可采用时刻提醒自己的暗示方法。当你想吃这些东西时，马上提醒自己："我不会去吃这些零食，它只会让我发胖，好不容易减几斤肉，别让它又给我吃回去……这样暗示自己就不会再去碰那些零食了。"

非生理性病变引起的肥胖，如果能将上述做法坚持实施一个月，必能使体重降下来，而且也不会产生心理上的苦恼和其他生理上的病变。

催眠减肥的注意事项

很多人都知道，通过催眠来达到减肥目的是可行的，然而他们不知道在具体实施时还需要注意一些小细节。下面就是几个需要在催眠减肥前就需要知晓的几个注意事项。

1. 很多人想快速减肥还不难受，这几乎不可能。即使是神奇的催眠，能起到的也只是辅助作用，最终还是要靠决心和毅力。

2. 如果长期目标很难实现，不妨把它分割成若干短期目标。这样既鼓舞了信心，又增加了实现的可能性。

3. 不给自己机会接触高热量食品。不管是逛街还是和朋友吃饭，告诉朋友自己不吃高热量食品。这样既避开了诱惑，也暗示了自己不很喜欢高热量食品。

74. 缓解疼痛：用症状置换法缓解病痛

疼痛是一种引起身体痛苦的生理感觉。为了准确理解生理疼痛，这样想象：你站在人群中，你前面的人往回退，踩到你的脚趾。储存在神经末梢的多种化学物质释放出来，这些化学物质使神经末梢敏感，使疼痛信息从脚趾传到脊柱，经过大脑的感觉中枢，到皮层解析疼痛感觉的位置。在这时你就会很生气地对前面的人喊叫："你踩到我的脚了！"

生活中我们并不常常遇到这样的疼痛，更多的人遭遇的其实是慢性疼痛，这些慢性疼痛往往是由于工作劳累或者疾病引起的。不管疼痛的原因是什么，催眠治疗疼痛的结果都是一样的。你的目的是减少或消除疼痛。

一般情况下，催眠师会使用这样的暗示语："将注意力集中到你感觉不适的部位，放松疼痛周围的肌肉，放松周围的所有肌肉，彻底放松周围区域。感觉肌肉放松，想象发炎的、疼痛的区域在变小、变凉、恢复。发炎的、疼痛的区域将变小、变凉、恢复，这种感觉非常舒适，非常舒适。现在不适的感觉正从你的身体流出，你感觉它流走，流走。现在想象清凉的感觉，像凉爽的水流过，凉水流过你的那个部位，清洗走不适，清洗走你所有的不适，完全清洗干净。现在抚慰、放松那个疼痛区域，抚慰、放松那个区域，直到你感觉减轻了，放松了，能活动了。你的身体感觉正常了，恢复了，放松了，能活动了。从现在起，你的潜意识将保持身体放松，免受压力。"

如果是要缓解手术后身体的疼痛，往往需要在手术前几周就开始进行催眠诱导的训练。手术后，催眠就可以有效地缓解疼痛了，一直到疼痛本身消失，不需要再进行催眠为止。

需要注意的是，疼痛都是身体不适或者发生病变的信号，对于某些疾病来说，通过催眠的方法虽然可以缓解或者消除病痛，但是并不能对疾病本身产生影响。也就是说，我们在治疗疾病时，为了减轻病痛而使用催眠是很正确的做法，但是绝不应该用催眠来代替治疗，这是一种治标不治本的方法。

应该如何看待疼痛

疼痛是身体出现某些不适时发出的一种信号,就像汽车防盗报警一样,是给我们的提醒。对于疼痛,我们应该以一种正确的方式来看待。

1. 大多时候,痛苦是身体的一种必要反应。没有疼痛感,我们就很可能会不知道什么时候受伤或生病了,特别是对于那些没法看到伤口或者患处的位置,疼痛更是一种疾病和伤痛的信号。

肚子好疼啊!

又是胃病犯了吧?

不去,我讨厌去医院!

可是你生病了,必须去。

2. 为了理解疼痛要传递给你的信息,你需要寻求医生的帮助。讳疾忌医绝对是错误的态度,对健康没有任何好处。

3. 不同问题有不同解决方案,不同的疼痛也是如此。有些疼痛可能需要心理治疗或临床治疗,有时也会用到催眠治疗。

心理咨询师　　医生　　催眠师

本章您学到了什么?

不妨写下来吧!

记录日期:

第六章 激发潜能，催眠帮你塑造强大自我

75. 提高记忆力：从今天起，你可以一目十行
76. 集中注意力：将你的注意力聚焦于一点
77. 增强决策力：用催眠让自己变得果断高效
78. 增强创造力：拆掉你大脑里的墙
79. 激发强大气场：催眠出你的王者气质
80. 增强成功意识：用催眠让你进取心更强烈
81. 改变坏习惯：催眠帮你与坏习惯永别
82. 保持旺盛精力：用催眠让你精神焕发
83. 提高工作热情：催眠让你快乐地工作
84. 增强社交自信：不做聚会中的"壁花"
85. 催眠解梦：催眠让你更了解自己的内心

75. 提高记忆力：从今天起，你可以一目十行

我们已经知道，催眠有一种神奇的魔力，它可以让你忘记许多耳熟能详的事情，也能让你记起遗忘很久的事情。很多人都为自己记忆力逐渐下降而发愁，那么能不能通过催眠，让自己的记忆力恢复甚至变得很好呢？答案是肯定的。

记忆力与身体健康状况和心理健康状况有关：患有某些疾病的人容易出现记忆力下降；长期处于高压力、抑郁、自卑、焦虑等心理状态的人也容易出现记忆力下降。

催眠对于心理原因引起的记忆力下降有明显的效果。另外，很多人希望自己能够更专注、注意力更集中，从而达到提高记忆力的效果，通过催眠也可以实现。

催眠状态是一个注意力高度集中的状态，而在我们注意力高度集中时，学习能力会明显提升。同样道理，我们的记忆力也会因此得到明显增强。在催眠状态下，被催眠的个体不会把注意力放在周围的声音上，而是只放在某一件事物上，如催眠师的声音、课本内容。这种情形下，潜意识的接收能力最强，潜意识和意识之间相互贯通，信息很容易进入潜意识，从而大幅度提高记忆力。

通过催眠提高记忆力的第一步是改善情绪。根本就不愿意记住的事情，潜意识就会把它忘掉，就像很多小孩子常常忘记了做作业，却不会忘记看动画片一样。如果对记忆材料有抵触情绪，就应该暗示自己改变态度，比如"记住这些材料后我就不用再花一天的时间去查阅资料，省下来的时间我可以去钓鱼"，"记住这些后，我就能通过四级考试了，之后我就不用再花工夫天天看书了"。

第二步是提高自信。在学习记忆材料之前，必须让自己相信自己一定能够记住这些材料。因此在学习过程中，要增强自信，加强有益的自我暗示，比如"自己是非常聪明的"，"这点知识，我会轻而易举就能把它背下来"，"我在学习中感到快乐"等等。不要老是给自己负面的暗示，如"我今天状态不好，肯定会记不住"，"这么多的材料要记忆，我估计我不行"。甚至连负面的词语都不要出现，如我们应该暗示自己"一定会记住"而不是"不会忘记"，因为"忘记"是一个负面词语。

第三步是让自己更专注，注意力更集中。如何让自己注意力更集中呢？这个将在下一节内容中提到。

艾宾浩斯记忆遗忘曲线

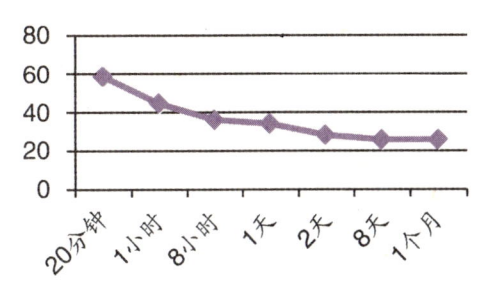

艾宾浩斯记忆曲线

1. 德国心理学家艾宾浩斯通过实验，发现了遗忘的规律。他把他的实验结果绘成描述遗忘进程的曲线，这就是著名的艾宾浩斯记忆遗忘曲线。

我通过实验发现，记忆是有规律的。

2. 艾宾浩斯发现，在记忆有实际意义的材料时，不仅是催眠时的记忆量会增多，时间上也会更短。

奇怪，我出门想干什么呢？

3. 在回想过去记忆过的事情的实验中，艾宾浩斯也得出了相似的结果：如果是有意义的事情，比起觉醒时，催眠时会较好地回忆起来。

昨天还会背诵的……

4. 学习内容会成为短时记忆，但不及时复习就会遗忘，及时复习则会成为长时记忆。理解了的知识会记得更迅速、全面和牢固。

76. 集中注意力：将你的注意力聚焦于一点

人的一切活动都贯穿着注意力的发生。心理学研究表明，学生在学习中的个别差异，并不完全因所具的天资不同，而更主要的是由于他们在学习时所发生的注意不同，可见，高度集中注意力是保证高效率学习的必要条件。平时我们观察到有些人似乎做什么事情都能非常全神贯注的，而有些人似乎无论在做什么都是左顾右盼，注意力完全不集中。这是为什么呢？怎么样才能让我们的注意力更加集中呢？

前面已经说过，大部分人是可以进入催眠状态的，而进入催眠状态本身就是一个注意力高度窄化和集中的状态。因此，可以说，大部分人都能注意力非常集中地做一件事情。在我们注意力不集中时，往往不是因为我们不能集中注意力，而是我们根本没有兴趣去集中注意力。比如很多孩子在上课听讲时完全不能集中注意力，但是在看动画片和玩游戏时却能非常忘我，注意力高度集中。对于普通人来说，提醒自己，让自己注意力集中是没有用的，因为"注意力集中"只是一个抽象概念，而不是具体方法。因此，在我们需要集中注意力时，可以通过具体的催眠方法来获得。

我们通过反复的自我催眠训练，可以帮助自己建立起有效的反应方式，这是一种有效提高注意力的办法。这一点在那些成功的、优秀的人身上都表现得非常明显，当他们开始思考或做一件事时，他们可以进入深度的催眠状态，所以他们只会专注于自己的思考和行为，对外界其他的事情都不会注意到，这是一个自然而然的过程。就像高尔夫的长胜将军老虎伍兹一样，他就是靠催眠师帮助他进入催眠状态的，在击球时他听不到任何声音，看不到全体观众，只专注于眼前的一击，所以他保持着不败的记录。因此，在需要注意力高度集中时，我们也可以对自己进行催眠暗示，让自己不受周围环境的影响，注意力开始窄化，听不到外界的无关声音，看不到无关的人，整个宇宙似乎只有自己的注意力在运作着，从而产生"隧道视觉"，进入完全专注的状态。

训练注意力的几个要点

注意力不集中往往不是因为我们不能集中注意力,而是我们没有兴趣去集中注意力。在提高注意力的催眠训练中,需要注意以下三个要点。

1 规律作息时间

形成良好的生物钟,会让身体运作更有规律和效率。

（七点起床,九点学习,……）

2 学会感官训练

对身体各类感官进行训练,让自己的感官更专注。

（很快,我就会只看得到小猫。）

3 学会心理减压

在面对重大压力时,学会给自己减轻压力。

（一切都会好起来的。）

77. 增强决策力：用催眠让自己变得果断高效

有人上街要买台电视机，由于价钱较高，又都不是名牌，往往反复比较，反复动摇，结果跑了许多家商店，就是决定不下来。像这样遇事优柔寡断，拿不定主意的现象，在生活中很常见。心理学家认为，人在处理问题时所表现的这种拿不定主意、优柔寡断的心理现象是意志薄弱的表现。

为什么有些人遇事易反反复复、优柔寡断？心理学认为，这是因为对问题的本质缺乏清晰的认识，拿不定主意并产生心理冲突的表现。只要留心观察，就不难发现优柔寡断多发生在青年人身上，这是因为青年人涉世未深，对一些事物缺乏必要的知识和经验的缘故。一般说来，优柔寡断者大都具有如下性格特征：缺乏自信，感情脆弱，易受暗示，在集体中随大流，过分小心谨慎等等。另一种情况是家庭从小管束太严，这种教育方式教出来的人只能循规蹈矩，不敢越雷池一步。一旦情况发生了变化，他们就担心不合要求，左右徘徊，拿不定主意。

怎样克服这种遇事拿不定主意、优柔寡断的毛病呢？可以通过以下催眠暗示进行调整和克服：

"我现在要增强自己做决定的能力，将主动权牢牢握在自己手中。我相信自己能够做出很好的决定。在任何工作中，我都能够十分自信地做出决定。我将会更加有效地提前安排好一天的工作。我将非常从容地做出决定。我不会再花费哪怕几秒钟来猜测自己的决定。我会相信我自己。我将迅速地采取行动，并一直坚持下去。我对自己的决定非常地放心，并能够轻松简便地执行它们。一旦出现犹豫，我会迅速调整，并马上开始采取自己既定的行动。

我相信我自己的决定是正确的，而且是我自己能够在有限时间内做出的最好的决定。我再也不会怀疑自己是否具有做出完美决定的能力。现在，我再也不会走神，我将集中精力在自己想要完成的工作上，专心于自己的工作安排。从现在开始，我相信自己做决定的能力。我变得非常果断。每天在面对各种大小不一的工作任务时，我都能够非常有效地将它们组织、排序，安排得井井有条。"

对于增强决策力的一些建议

心理学认为,优柔寡断者大多对问题的本质缺乏清晰的认识,拿不定主意并产生心理冲突。我们可以通过催眠与自我催眠来增强决策力,而生活中,我们也可以主动做出一些有利于增强决策力的改变。

- 自强自立
- 决定取舍
- 遇事冷静
- 主动思考

增强决策力的建议

1. 培养勇气和信心,培养意志独立性。
2. 只要不违背原则,就可以下决定。
3. 平时勤学多思,关键时刻有主见。
4. 排除干扰,仔细分析,培养果断意志。

78. 增强创造力：拆掉你大脑里的墙

在当今这个知识经济时代，创造力是一个令人心驰神往的词。许多人总是存在着一种误解，认为创造力只是少数科学家、艺术家等伟大人物的天赋与专利，与平民百姓无关。其实，创造力不仅指发明创造的能力，只要是凭自己的智能去发现、掌握自己尚未知晓的知识并能运用这些知识，就是富有创造力的表现。那么，如何才能增强创造力呢？

首先，应该通过催眠让自己养成独立思考、不盲从、不偏信的习惯。暗示自己"在看到任何观点时，仔细想想对方为什么会产生这个观点"，"对方的思维逻辑有没有漏洞？"，"对方的论据是不是正确，事情有没有另外一种可能？"等等。独立思考不盲从，是创造力的前提条件。通过这种催眠暗示，我们可以加强自己独立思考的能力。

其次，要对自己进行发散思维训练。发散思维又叫辐射思维、求异思维，表现为思维视野广阔，思维呈现出多维发散状。我们可以通过催眠，暗示自己"在遇到任何问题时，尽量想到最多的可能性，比如事物的用途、功能、结构、形态等"，"如果把一些意想不到的功能组合在一起，会形成什么新产品"。通过这种方式，会逐渐增强发散思维，增强创造力。

另外还有推测与假设训练。我们可以在催眠中假设一些问题，并逐步推测之后可能发生的状况。在这种情况下，假设的问题不论是任意选择的还是有限制的，都应当是与事实相反的情况，是暂时不可能的或是现实不存在的事物对象和状态。比如，假设人类在一秒钟之内突然从地球上消失了，推测地球会慢慢发生什么变化。由假设推测法得出的观念可能会有不切实际的、荒谬的、不可行的内容，但这并不重要，重要的是有些观念在经过转换后，可以成为合理的、有用的思想。

还有一些集体使用的方法，比如头脑风暴训练等，都可以让自己的创造力增强。每个人的思维模式都是有自己特点的，同时也是有着自身限制的，通过了解他人的思维模式，我们可以很快打开思路，想到更多的可能性。

总之，通过催眠，我们可以拆掉阻挡在我们大脑里的墙，实现完全的自由思考，从而增强创造力。

创造力与智商的关系

很多人认为智商高的人创造力就一定很高,事实并不是如此。催眠师无法通过催眠提升一个人的智商,却能提高一个人的创造力。那么创造力和智商到底是什么关系呢?

> 头脑不是一个要被填满的容器。

1. 三千多年前,古希腊的普鲁塔戈说过:"头脑不是个要被填满的容器,而是一把需要被点燃的火炬。"这也许是最早的关于创造力与智力差异的表述。

> 这没有必然联系哦。

> 智商高创造力肯定强。

2. 严格地说,创造力和智力有关系,但并不是完全线性相关。智力是创造能力发展的基本条件,有好创造力的人,都要有中等以上的智商。

> 创造力和智商没关系?

> 有,创造力高的人智商一定不低。

3. 实际上,高智商的人不一定有高创造力,但高创造力的人必须有比较高的智商。也就是说,对于创造力来说,必须有一定的智力基础,但智力与创造力不一定线性相关。

79. 激发强大气场：催眠出你的王者气质

有些人举手投足都能给人一种傲视群雄的感觉；有些人浑身散发着艺术家的激情与浪漫；有些人一出场就显现出不怒而威的气势，让所有人感觉犹如皇上驾到……这些都是气场的作用。当一个人的自信、从容到达一定程度，由内而外的散发时，他固有的鲜明的特点就会散发出所谓的气场。因为对事物的了解，所以看待事物自然会有从容不迫、举重若轻、舍我其谁的姿态。那么如何才能提高自我的气场呢？

既然已经知道了气场来自于自信和从容，自然就可以通过自我催眠来进行。我们可以按照下面的方法进行：

强化自信观念。如果你对着镜子笑着说"我很漂亮"，你就会真的觉得自己今天特别漂亮。自信对气场的改造简直是惊人的。这实际上是一种自我催眠，本质是自我暗示，因此我们可以用催眠暗示来让自己更有气场。

例如，我们可以用这样的暗示语来进行自我暗示："不论遇到什么事情，我都会做一个深呼吸，然后露出会心的微笑，我就能立即变得心平气和，从容面对一切。每当我诵读苏轼的《赤壁怀古》时，都能从古人的诗句里吸取豪迈的力量。我拥有大海般雄浑的气魄，拥有天空般广阔的胸怀。良好的自我控制，是成熟而富有魅力的男人的特征，我一定要成为一个有自控能力的魅力男人。"

内化反应模式。如果你总是给人自信和从容的感觉，但遇到一件小事时却还是会着急得直跳脚，那么你苦心营造的气场在别人眼里自然就烟消云散了。因此，需要通过催眠的方式，让自己形成一套新的，显得信心百倍、从容不迫的反应模式。例如，我们可以通过这样的暗示语来让自己改变反应模式："当我因为某件事情急得想跺脚的时候，我不会立即跺脚，我会深吸一口气，告诉自己，这件事情肯定是能解决的。我会很自信，很从容地来面对工作和生活中所有的事情。"

通过强化自信观念和内化反应模式，我们可以从里到外都转变为一个自信从容的人，从而提高自我的气场。

激发强大气场的方法

有些人举手投足都给人一种傲视群雄的感觉，有些人浑身散发着艺术家的激情与浪漫，这些都是气场的作用。如何激发出属于自己的强大气场呢？通过以下三个步骤反复练习，就可以实现。

1　强化自信观念

自信实际上是一种自我催眠，本质是自我暗示，用催眠暗示可以让自己更有气场。

> 每天都觉得自己变漂亮了。

2　塑造从容心态

从容面对一切，每天暗示自己拥有广阔的胸怀和良好的自我控制力，于是心平气和、从容不迫。

> 别着急。

3　内化反应模式

通过催眠，让自己形成一套新的、显得信心百倍、从容不迫的反应模式，从而提高自我的气场。

> 我也这么觉得！

> 你的气场像女王。

80. 增强成功意识：用催眠让你进取心更强烈

每个人都为自己的目标在努力奋斗着，可是每个人的进取心似乎都不一样。有些人认为自己的目标远大，所以要努力奋斗；有些人感到目标遥不可及，所以干脆主动放弃。这是为什么呢？

因为我们每个人在追求自己的目标时，都同时有着"向往成功"和"害怕失败"这两种心态。看上去，这两者意思差不多，实际上它们差得很远。对"向往成功"的人来说，安于现状是不行的，因为这样不会成功；而对"害怕失败"的人来说，安于现状是可以的，因为这样不会失败。因此，可以说"向往成功"是动力，而"害怕失败"则是阻力。通过催眠，我们可以让"向往成功"的心态发挥更大的作用，并减少"害怕失败"带来的阻力，从而使自己的进取心变得更加强烈。

下面这个催眠暗示语可以增强对目标的渴望，并减少对失败的惧怕。

从现在开始，我变得更加渴望成功，当我完成每一件事情后，我都觉得离成功更近了一步，我会更有成就感。我渴望奋斗，渴望进取，我会因为进取心强烈而变得更加快乐。我渴望改善自己的生活，而我强烈的进取心将会帮助我实现它。因为心中充满渴望，所以我每天怀着强烈的进取心，为实现自己的人生目标而努力工作，这个目标对我来说十分重要，我会用最强烈的进取心去实现它。我不会害怕失败，因为我有百分之百的决心。只有奋斗了才会有成功，只要是奋斗了就一定会成功。世界上没有失败那回事，所有的奋斗都会变成经验、财富与能力。我已经证明了自己拥有在内心中一直升腾的，想要实现我的目标的强烈渴望。我所有的想法和做法都会围绕着我的目标作调整。现在我要让自己大胆地去追求成功！任何困难都难以阻挡我的成功。我喜欢这种充满进取心，全身心投入的状态。我的进取心正变得越来越强烈，而这种强烈的渴望在我的体内不断地滋生壮大。这种感觉太好了，正是我想要持续保持的一种精神状态。

通过这种暗示之后，你会发现自己对于成功的渴望更加强烈了，对于失败的恐惧更加少了，从而大大地增强了成功意识，进取心也变得更为强烈。

成功人士的关键特征

成功的人是相似的，失败的人则各不相同。在那些成功的人身上，我们可以找到某些共同的特征，正是这些关键特征促成了他们的成功。以下三个因素便是成功人士通常具有的特征。

1. **目标清晰**
   知道自己想要做什么，也知道应该通过何种途径达到。

2. **强烈自信**
   确信自己一定会成功，不害怕挫折失败。

3. **高度自觉**
   主动做好每一件事情，不需要他人提醒。

81. 改变坏习惯：催眠帮你与坏习惯永别

有些坏习惯似乎非常难改，比如有些人喜欢在思考问题、紧张、无聊时咬指甲，另一些人则是扯头发，还有些人是掏鼻孔……总之在不同的人身上，常常出现各种不同的坏习惯，这些其实都可以通过催眠来进行矫正。

对于坏习惯的矫正，直接禁止是不行的，因为潜意识里已经认可了这个坏习惯，禁止它会遭到潜意识的对抗，最后你会发现费尽九牛二虎之力，还是没法让自己摆脱这样的习惯。因此，催眠师的做法是，培养一个新的习惯，代替旧的习惯。当然了，新的习惯不能是一个新的坏习惯，而是一个自己和他人都能接受的习惯。例如用微笑来代替原来的咬指甲。具体应该怎么做呢？以下的催眠暗示语就是专门用来帮助你用其他相对放松的、安宁的方式来代替那些坏习惯的。还是以咬指甲为例，当然，你也可以把咬指甲换成别的坏习惯。

现在我要停止没事就咬指甲的坏习惯。我可以控制自己的行为，从而战胜咬指甲的想法。我再也不会有想咬指甲的想法了，相反，我会觉得更加自由、舒适。我可以原谅自己之前的行为，我会给自己改正的机会，不断激励自己停止咬指甲的行为。

现在，我要用一种欢快、放松的心态来代替原来的固执想法，远离咬指甲的习惯。我不再因为咬指甲而觉得害羞。我会发现自己越来越具有自控力，能有效地控制自己的行为。咬指甲不再是我的习惯行为。每当我要咬指甲时，我就会变得高度警觉。每当我变得高度警觉时，就会做一下深呼吸，然后就会觉得其实我可以自由、轻松地做些别的事情，而不是咬指甲。

每次我刻意不咬指甲时，都有一种非常自信的感觉，觉得自己是如此地具有控制力。我非常喜欢在我要咬指甲的时候，自己通过自控而达到放松的那种感觉。我对咬指甲毫无兴趣，现在看来，要戒除咬指甲的习惯比我当初想象的要简单得多。我现在发现自己比当初预期的更加能够控制自己的大脑和身体。现在我将它从我的生活中彻底清除出去，选择迎接安全、自信、快乐的生活。

需要特别说明的是，如果你有几种不同的坏习惯，在一次催眠中，最好只让自己改掉一个，下一次再改变下一个。不要尝试一次就改掉所有的坏习惯，那样会导致什么都改不掉。

饮食健康的几个好习惯

人的习惯千差万别，有些习惯对于一个人来说是坏习惯，对于另外一个人来说则是好习惯。当然，也有些习惯对于几乎所有人来说都是好习惯，在这里我们可以借鉴以下几个对大部分人来说都很好的饮食习惯。

1. 每日应补充水分2.5升。人体每天从食物和新陈代谢中补充的水分约1升，因此还要喝1.5升水。夏季可能要3升才能满足需要。

2. 晚餐不要吃太饱，应该有节制地吃适当的分量，并以清淡、易消化的食物为主。避免在晚餐时间食用过甜的甜点，以免造成消化不良。

3. 进食速度过快，食物未充分咀嚼，不利于食物和唾液淀粉酶的初步消化，容易加重肠胃负担。咀嚼时间过短，迷走神经仍在过度兴奋之中，长期如此容易导致肥胖。

82. 保持旺盛精力：用催眠让你精神焕发

每天，你都是那个状态：没有疲倦，但也没有精神，做什么事情都是那样不紧不慢，显得没有生机。你很想改变自己，让自己保持旺盛的精力，显得精神焕发，却不知道该怎么办。你不明白，为什么有些人总是显得精神抖擞、神采奕奕呢？他们到底有什么秘诀呢？答案就是他们善于自我催眠。

虽然说身体条件是保持旺盛精力的一个重要基础，但精神焕发更多的是一种心理状态。当一个人非常开心、积极、充满激情地从事某件事情时，他一定是精神焕发的。自我催眠对于心理状态的调整是非常有效的，为保持精神焕发，我们可以利用这样一些暗示语：

现在我做每样事情时都更加精力充沛，伴随着我的精力和激情的与日俱增，我更加热爱自己生活中的点点滴滴。现在不管做什么事情，我都变得异常活跃，十分兴奋。我希望自己活得更加充实，可以在每天的活动中得到更多的满足。现在我拥有更多的精力，它可以帮我实现自己的愿望。当我精力更充沛时，我会觉得更加快乐。随着精力的提升，我会感到更加健康。

现在，我要将自己变得更加积极主动，充满活力，充满热情。我要将自己快乐、活跃的一面展现出来，这样其他人也会被我的性格和行为所感染，从而喜欢上我。清晨醒来，我感到精力充沛。在新的一天，我将更加具有活力。我十分喜欢自己的身体保持高度敏感，头脑保持十分警觉的状态。对于我自己真正想要做的事情，我会一直保持精力、兴趣和热情。当我变得更加精力充沛时，我的情绪也更加愉快，做事情时也更加快乐。

每天醒来，我都会比以往更加有能量。我丢掉了懒惰疲惫、冷漠低沉的想法，取而代之的是积极的、欢快的、充满朝气的生活态度。我希望能够欣赏到自己充满活力、激情澎湃的一面，我要活泼、快乐地活着。

最后就是唤醒过程了：我从1数到5，就会让自己从催眠状态中清醒过来，全面清醒。1……开始从催眠中醒过来。2……开始感知到周围的事物，有一种满足感、安全感或舒适的感觉。3……期待着催眠给自己带来满意的结果。4……感到乐观，精神振作。5……现在全部清醒了。

保持精力旺盛的好习惯

身体条件是保持旺盛精力的一个重要基础,但精神焕发更多的是一种心理状态。自我催眠对于心理状态的调整是非常有效的,因此在保持精力旺盛方面也有着很好的效果。

如何保持精力持久旺盛

1. 接电话时站起身

2. 洗澡时大声唱歌

3. 适量的接触阳光

4. 每天午睡半小时

83. 提高工作热情：催眠让你快乐地工作

现代快节奏、高压力的生活让人们产生职业枯竭的时间越来越短，有的人甚至工作几个月就厌倦了工作，而工作一年以上的白领有超过40%的人想跳槽。出现职业倦怠的人犹如失去水的鱼，备受窒息的痛苦。人们不禁会问，工作热情为什么会枯竭？怎么提高我们的工作热情呢？

要解决这一问题，首先要找到产生职业倦怠的原因。工作对于现代人来说，不仅仅意味着填饱肚子，我们都希望还能在职场中结识朋友、找到归属感、受到尊重、实现自我……可是，很多人工作时间长了后，感到工作内容单调乏味，人际关系难以处理，工作压力太大，发展空间太小，于是，职业倦怠由此而生了，工作热情就这样悄悄地溜走了。那么怎么才能重新找回工作热情呢？难道非要换一份工作吗？利用催眠，也许能帮你解决这个问题。

利用催眠找准职业方向。很多人对自己想要什么、能做什么，并没有一个非常清醒的认识，他们找工作不凭自己的兴趣、性格和能力，也没有为自己规划过职业目标。这也许和他自己潜意识里的一些自我阻碍相关。如果是这样，我们可以进行自我催眠，问问自己到底是什么样的人，需要什么样的职业与生活，想达到什么样的目标，利用催眠找到自己的定位与方向。

利用催眠找回积极态度。有些人找到了自己想要的工作，但是真正工作时间长了后，又感觉毫无热情，因为发现工作内容单调乏味，总希望自己的工作能多点附加价值。实际上，这种情况往往是自己的工作态度不积极造成的。态度积极的人在单调的工作中也能找到成就感，因为他能在工作的细节中找到需要灵感与创新的乐趣。通过催眠，我们可以知道我们为什么会发生这样的态度转变，如何找回积极的工作态度。

另外，对于人际关系导致的职业倦怠，最重要的是善于管理自己的情绪，避免人际关系的冲突和对立，以致影响工作热情，这同样可以用到催眠。而对于一些特殊的情况，比如公司的经营理念、管理方法与你的价值观发生冲突，而且你长期都不能适应，催眠也无能为力。这种情况下，最好是做换份工作的考虑了。

职业倦怠自我检测表

很多人工作时间长了后,感到工作内容单调乏味,人际关系难以处理,工作压力太大,发展空间太小,于是产生了职业倦怠。如何检测自己是不是已经出现职业倦怠了呢?下面这个表格就可以帮你。

职业倦怠自我检测表	
症　状	是/否
1. 经常失眠	
2. 总盼着周末	
3. 肠胃功能失调	
4. 不想干家务活	
5. 害怕与上司交流,不想与同事交往	
6. 无聊或工作没有进展时便想吃东西	
7. 假日常常只用来睡大觉	
8. 经常头痛或浑身乏力	
9. 早上经常赖床	
10. 很少吃早餐	

说明:以上各条症状中,有多少是符合你现在的状况的?符合你现在状况的,就在后面做个标记。如果你的标记超过了三项,就说明有可能已经出现了职业倦怠。

84. 增强社交自信：不做聚会中的"壁花"

有些人讨厌面对人群或是害怕面对人群，因为他们总是觉得害羞、不好意思，害怕自己会出丑或者受到嘲笑。他们往往个性内向，很少和外界及他人沟通，不会主动走出自己的世界，不会主动加入人群。他们在人多的地方会觉得不舒服，在聚会中常常形单影只，担心别人注意他们，担心被批评，担心自己格格不入。情况轻微的人还是可以正常生活的，情况严重的话就会造成生活上的障碍，导致无法正常求学或工作。这种症状被心理学家称为"社交恐惧症"。

由于社交恐惧症是一种心理症状，靠药物治疗很难达到良好的效果。自催眠疗法开始用于社交恐惧症治疗后，一些患者证实，催眠对治疗社交恐惧症有独特疗效。通常，治疗社交恐惧症的方法是这样的：

受催眠者以自己舒服的姿势或躺或卧，催眠师开始催眠诱导，逐渐使受催眠者进入催眠状态，然后开始进行这样的一些催眠暗示：

"你现在正处在舒适的催眠状态中，全身放松、精神愉悦。你会听从于我，按我的意思去理解和体验，并牢牢记住。你自己也知道对某种事物、情境和人际交往产生恐怖并极力加以回避，是不合理的、不必要的，那就应该泰然处之，其他人不也是这样做的吗？你和所有的人一样自信、坚强和勇敢，其他人能做到的，你也一定能做到……再处在这种情境下与人交往，你不会焦虑和恐惧，你会显得非常轻松……你现在正在接触这些事物，正处在这种情境下与人交往，你显得很自然，也很愉快，你不感到恐惧，一点儿都没有恐惧的感觉，你也不想回避……好，你的疾病已经好了，今后再也不会对这些事物、情境产生恐惧并加以逃避了……你要坚信和记住，你的病已完全治愈了……我唤醒你以后，你会感到全身舒适轻松、精神饱满，你会发现你以前的行为和做法是幼稚可笑的，因为你已经成了非常健康的人。"

完成上面的暗示后，唤醒病人，解除催眠状态。催眠治疗一般每日一次或数日一次，如病人配合得好的话，常常一两次即可彻底治愈。

消除恐惧注意事项

社交恐惧症是一种对社交或公开场合感到强烈恐惧或焦虑的心理疾病。经一些患者证实，催眠对治疗社交恐惧症有着独特的疗效。

1. 催眠师诱导受催眠者进入催眠状态后进行暗示，完成暗示后解除催眠状态。催眠治疗一般每日一次或数日一次，病人配合得好，常常一两次即可治愈。

你不会再害怕陌生人了。

别担心，你的恐惧来自于儿时的一次雷雨。

2. 在催眠暗示中，暗示语不能只着眼于症状的消除，而应该更重视去切断恐怖反应与引起这种反应的特殊事物之间的不良联系。

3. 在切断恐怖反应与特殊事物的不良联系后，还要强调曾经引起他们恐惧的所有东西都不再会、也不应该引起受催眠者的恐惧和回避。

经过这次治疗后，你不会再害怕与人交流了。

85. 催眠解梦：催眠让你更了解自己的内心

在生活中，有一些人有明显的心理上的困扰，这些心理上的困扰甚至会影响到正常的生活和工作，但是他们不知道这些困扰从何而来，更不知道怎么消除。因为平时内心大部分的活动都被压抑在潜意识里，而梦本身就是潜意识的体现，有时候他们的困扰会反映在梦中，醒来后却无法找到相应的解释，这时通过催眠来解梦便是一种很好的手段。

一个 26 岁的男人存在着非常严重的人际关系困扰：他无法与权威人士建立正常的人际关系，比如公司领导。只要领导一出现，他就会紧张得头脑一片空白，甚至连基本的算术都会算错。他说自己多年来经常会做同一个梦：梦里 5 岁的他在夜里经过一片墓地，墓地漆黑一片，他的内心极为恐惧，甚至紧张害怕到想哭。

这个梦与他的心理困扰有着直接联系，但是却一直得不到很好的解释，后来催眠师对他进行催眠，慢慢地了解到这名小伙子的父亲长期在外地工作，在 7 岁前他是由乡下亲戚带大的。由于儿童时期缺少与父亲的联系，导致他现在跟那些和父亲形象相似的人，比如领导等交往时，产生了这样的心理障碍。通过催眠，催眠师了解到：梦里的墓地实际象征着与父亲关系的缺失。

催眠师对小伙子使用了与他父亲"灵性对话"的治疗手段，取得了很大成功。从此之后这个小伙子的心理障碍消除了，夜晚再也没有出现这个梦。

一个 30 岁的女性常常缺乏安全感，她讲述了她多年来常常出现的一个梦：自己走在一片空旷的荒野里，四处都很黑，她感到很紧张、很无助。她很想跑出去，但不知道向哪里跑，梦中感觉很紧张、很无助。

催眠师对她进行了"年龄回溯"催眠，让她回到了跟这个梦有相关记忆的年份，这才明白原来她 5 岁时被忙碌的父母送到外婆那里寄养，每当她不听话时，外婆就会把她关在一间漆黑的小屋里，每次她都一个人蜷缩在墙角哭，想跑出去又跑不出去，感觉很紧张、很无助。

对于这种由于心理创伤引起的反复出现的梦，通过催眠一般都能够得到很好的解释。如果掌握了自我催眠，也可以通过自我催眠来解梦。

心理学家对梦的解释

心理学上认为，梦对人们认识自己真实的内心世界有着非常重要的作用。弗洛伊德、荣格、弗洛姆等心理学家都曾对梦进行过深入研究，他们的观点不尽相同，但他们都认为通过梦可以探寻到潜意识的秘密。

1. 弗洛伊德

弗洛伊德认为梦是欲望的满足，有些梦还会通过各种不同手段来躲避意识的审查，曲折地满足欲望。

2. 荣格

荣格认为有一部分梦有象征意义，有一部分梦是欲望的满足，还有很多梦是集体无意识的表现。

3. 弗洛姆

弗洛姆认为梦使用一种所有文化都基本通用的象征性语言，懂得其象征意义就能懂得梦的含意。

本章您学到了什么?

不妨写下来吧!

记录日期:

第七章 掌控他人，催眠让你成为交际达人

86. 掌握他人想法：催眠帮你透过外表识人心
87. 攻破防备心理：用催眠让他人放松戒备
88. 有效击中软肋：用催眠让对方与你推心置腹
89. 强化服从意识：用催眠让他人无条件服从
90. 化解矛盾：用催眠消除他人敌对情绪
91. 解决纷争：用催眠来调解他人纠纷
92. 赢得支持：催眠术让你获得更多支持
93. 成功拒绝他人：让你拒绝别人时赢得信赖
94. 成功说服他人：催眠帮你改变他人想法
95. 成功激励他人：用催眠调动他人积极性
96. 迅速俘获芳心：催眠帮你成为恋爱达人
97. 让孩子听话：催眠帮你与逆反的孩子沟通
98. 成功演讲：集体催眠助你成为演讲家

86. 掌握他人想法：催眠帮你透过外表识人心

在日常社交中，我们经常需要与一些陌生人打交道，正所谓"知人知面不知心"，很多时候我们会被他人表现出的假象所迷惑。实际上，如果我们懂得一些催眠原理，在与陌生人交往时使用一些催眠中的小技巧，便能够通过外表看透人心，不再被假象所迷惑。

催眠师在对受催眠者催眠之前，一般都会和受催眠者交谈。在短暂的交流过程中，催眠师必须掌握受催眠者的兴趣、爱好等方面的基本材料，才能更顺利地进行催眠。因此，优秀的催眠师不仅仅在催眠技巧上炉火纯青，他们在察言观色，从细节处了解到受催眠者的一些信息上更是技高一筹。

首先是肢体语言。肢体语言很能反映一个人的内心信息。我们说出的话可能是内心的伪装，表情也可能是内心的掩饰，但我们很少注意到自己的肢体语言。比如手的动作：一个人双手相搓，一般说明这个人的内心左右为难、烦躁不堪；用手搔头很可能表示尴尬、为难、不好意思；用手托住额头很可能表示害羞、困惑、为难等。

其次是面部表情。在催眠师眼里，一颦一笑里都有着大量的信息，无论是咬嘴唇、皱眉头还是眼神的变化，都能反映出一个人内心的状态或变化。比如皱起鼻子和眉头常常是说明内心厌恶或憎恨，说话时眼珠往右上方上扬说明是在说谎，往左上方上扬则说明是在回忆，等等。从人们复杂的面部表情里，我们总能看到一个人掩藏不住的思维信息。

有时，站立或者坐着的姿势与位置也能透露出一些个人信息，例如喜欢以自我为中心，不关心他人的人往往喜欢坐在中间的位置，显得自己拥有众星捧月的待遇；不太合群、有些内向的人则往往喜欢坐在两边或者靠后的位置，显得非常低调。自信的人站姿往往更为挺拔，自卑的人则很少抬起头与人正视。坐着时双腿往外打开的人往往性格外向，对他人设防少；而双腿并拢坐好的人则正好相反。

另外，语气语调、呼吸等等都是可以分析的信息。在日常的社会交往中，我们也可以把自己假想为催眠师，把需要应对的陌生人看作受催眠者，用催眠师的方法来了解对方。

我们在与人交流时，只要像催眠师一样捕捉信息并懂得如何去分析，就会发现，原来掌握他人想法是如此的简单。

商业活动中与人交往的催眠技巧

优秀的催眠师不仅在催眠技巧上炉火纯青，在察言观色上也技高一筹。在商业活动中，如果我们懂得一些催眠原理，在与人交往时使用以下几个催眠技巧，便能够通过外表，看透人心。

技巧1

故意提出一些过分要求或表达错误观点，让对方惊讶。从对方的反应中看出对方的真实意图。

技巧2

故意提出相反意见，让对方发生认识与判断上的错误，或者用以迷惑对方，让对方不知道自己真实意图，以探知对方真心。

技巧3

当对方怀有敌意或者明显的不信任时，直接向对方说出来，对方往往会因为心事或态度被你说出而觉得不好意思，转而改变态度。

87. 攻破防备心理：用催眠让他人放松戒备

有时我们不得不硬着头皮去做一些很难办的事情，例如作为一个不速之客，让一个陌生人在很短时间里对你放松戒备，甚至敞开心扉。这些事情在催眠师眼里，都是小菜一碟，催眠师是如何做到的呢？一般情况下，催眠师会遵循下面这几点来进行交流：

第一印象良好。前面在说到催眠师的要求时，提到了催眠师必须外表端庄、衣着整洁、形象良好、身体健康。你可能会想，做催眠师又不是要参加选美比赛，为什么要这么要求呢？实际上，大多数人都会凭第一印象来决定对陌生人的态度，外表是诱发人际吸引的首要因素。要想让他人放松戒备，首先就要给他良好的第一印象。

存在相似观点。催眠师和受催眠者交流时，能很快发现和对方相似的观念、立场或兴趣、爱好经历等，从而让谈话双方的思想很容易产生共鸣，碰撞出激烈的火花。根据这种心理，在与陌生人进行交流，对方存在防备心理时，我们如果能很快找到共同点，投其所好，就能很容易把对方吸引过来，从而顺利攻破他的防备心理。

营造互补关系。当双方的个性、需要及满足需要的途径正好成为互补关系时，就会产生强烈的吸引力。例如脾气暴躁的人和温和而有耐心的人能友好相处；活泼健谈的人和沉默寡言的人能成为要好的朋友。在日常生活中我们经常可以看到这样的现象，心理学家认为：两人相处，对双方都有帮助或彼此都有友好的意愿和相似的态度时，两人的交互关系就有继续维持的可能。因此，在大致判断对方个性后，你可以试着扮演一个与对方形成互补关系的角色，进行关系上的突破。

追求关系回报。人与人之间的感觉往往是相互的，你在怎样对待别人，别人就会怎样对待你，这就是关系回报，这都由你的态度决定。简单而言，就是对他人的某种行为，人们会以一种类似的行为去回报。更直白地说，就是人们往往愿意和那些喜欢他们的人打交道，并且努力在交往中回馈同等的喜欢。这就是关系回报吸引力的巨大作用。

依照以上几条进行，你也能像催眠师一样，很快攻破他人的防备心理。

一个有关美女效应的实验

为了给受催眠者良好的第一印象,催眠师一般都要求外表端庄、衣着整洁、形象良好、身体健康。生活中也不乏这样的现象,"美女效应"便是用来说明这个现象的。

1. 第一形象良好在生活中体现在很多方面。它对人们的判断、行为产生着极大的影响,这就是心理学上的"美女效应"。

2. 心理学家进行过这么一个实验:他们给陌生人看很多异性的照片,然后询问他们愿意和什么人约会。结果表明所有人都选择了那些外表出众的人。

3. 社会学家做过类似实验:他们让人们根据犯罪材料和罪犯照片进行判决,结果对同等罪行的盗窃犯,外貌漂亮的要比外貌不漂亮的平均少判三年。

这么美丽的人,怎么可能有一颗邪恶的心?2年吧。

88. 有效击中软肋：用催眠让对方与你推心置腹

无论在生活还是工作中，我们都会认识很多人，结识很多朋友。然而，朋友和朋友也不完全一样，有些朋友可以和你一起吃饭喝酒，却未必会和你推心置腹。这一般是因为，你还没有进入他的内心世界，他还不完全信任你。那么，有没有什么办法改变这一现状呢？当然有，每个人的内心都有自己的软肋，有效击中软肋的方法完全可以参照一些催眠师的技巧。

朋友往往都是从相同的话题和兴趣开始的，因此要想赢得信任，先要成为他认可的朋友，而要想成为他的朋友，必须在某个方面与他形成一致的价值观。比如你和一个朋友正在谈论对待金钱的态度，如果你的态度和他的态度完全不同，可能让他内心暗暗产生一种"道不同不相为谋"的情绪，导致他对你之后发起的任何话题都没有兴趣。在这里，可以借鉴的催眠师的技巧是：鼓励受催眠者多说，然后自己用带有自己语言风格的话来赞同他的观点，如果你对他说的方面很了解，还可以在他的观点上进行具体阐述和借题发挥。

在很顺利地进行交谈之后，迅速找到对方的要害点，一招致命。催眠师会在受催眠者处于催眠状态时，通过不断地暗示与对话找到解决问题的突破口，迅速解决问题。这条经验完全可以用在社交上。例如，你在与一个女企业家聊天时，发现她一直聊着抚养孩子的话题，虽然聊的都是开心的内容却满脸愁容，转而又聊到了某种很难治疗的疾病，你感觉到应该是她的孩子患了这种疾病。这时如果你假装不知情地插入一句感叹："唉，孩子要是得了这种病，父母该操碎了多少心啊！"很可能让她百感交集，心理防线迅速瓦解，并引你为知己，与你无话不谈。

心理学认为，每个人的内心深处都有隐蔽不愿示人的一面，同时又有开放的一面希望获得他人的理解。然而，开放是定向的，即向自己信得过的人开放。因此，在你拥有了和对方成为朋友的基础后，如果你找到了对方那个隐蔽不愿示人的一面，在你表达出与之相似的观点和看法时，便有效地击中了对方的软肋，对方的猜疑和戒备便完全解除了，他会把你当作真心的朋友，乐意向你诉说一切。

有效击中软肋的技巧

每个人都希望获得理解，但每个人的心只向自己信得过的人开放。因此，在和对方成为朋友后，如果找到对方不愿示人的一面，便能有效击中对方软肋，使其解除猜疑和戒备，向你诉说一切。

有效击中软肋的步骤

找到相同话题　　准确捕捉信息　　体会对方心态

赢得对方信任　　找到对方要害　　瞬间击中软肋

相关步骤的详细说明

我也是呢。
我喜欢动漫。

1. 大部分人与他人成为朋友，都是从相同话题和兴趣开始的，要想成为某人的朋友，必须在某个方面与他达成一致。

你只是想气他。
可他不懂。

2. 鼓励对方多说，然后用带有自己语言风格的话来赞同，如果对他的话题很了解，还可以在其观点上具体阐述。

你太委屈自己了。
我从没跟人说过这个。

3. 通过不断的暗示与对话，找到解决问题的突破口，在很顺利地进行谈话之后，迅速找到对方要害，一招致命。

89. 强化服从意识：用催眠让他人无条件服从

在带领一个团队开展工作或作为领导者发号施令时，管理者有时会遇到一些令人头痛的问题：总是会有一些刺儿头冒出来反对你的决策，而你似乎并不善于处理这样的突发事件，对这些没有服从意识的人一点办法都没有。其实，如果我们在讲话或交谈中利用一些催眠原理，便可以显著地强化他人的服从意识。

有一个很简单却很管用的技巧，就是让对方一直肯定下去，一直说"是的"。催眠师会通过一系列很简单的问题，让受催眠者一直回答"是的"，从而让对方在潜意识里放弃抵抗，并产生一种必须服从的潜意识。在管理中，管理者也可以通过类似的谈话方式来强化被管理者的服从意识。

使用很委婉的威胁暗示语也是个不错的选择。催眠师有时会施加一些看起来很委婉的禁止暗示语，例如"你会发现你再也没办法吸烟，因为吸烟会让你感觉到头痛。"实际上，如果我们把委婉的语气去掉，就变成了"你如果敢吸烟，我就让你头痛。"很显然，前者会让受催眠者因为担心头痛而放弃吸烟，后者则可能会引起受催眠者的逆反心理，甚至导致更严重的吸烟。管理者在管理过程中适当使用一些委婉的威胁暗示语，可以使被管理者接受暗示，服从意识增强。

适当表现同理心。催眠师有时要设法让受催眠者明白，自己很了解对方的心理或处境，这一点管理者也可以利用。表现出自己的同理心，会让被管理者感到自己是被尊重的，同时有一种"因为被了解而感激"的心理，服从意识自然就会加强了。

唤醒被管理者的同理心。催眠师对引发受催眠者的想象暗示是最擅长的了，很多时候仅仅靠引发想象就能解决很多实际问题。管理者如果能在沟通中让被管理者发挥想象，让其假想自己在管理者的位置时会怎么做，自己会遇到什么困难，促使被管理者设身处地地为管理者着想，这样便唤醒了被管理者的同理心。这种方法无疑能让被管理者更理解管理者的行为，从而放弃不服从的心理，服从意识得到加强。

实际上，在管理者的管理过程中，诸如谈话和演讲之类的沟通总是必不可少的，有效地利用催眠原理，可以让他人无条件地服从你的安排，便不会出现那些令人头痛的突发事件。

强化服从意识的技巧

对于带领着一个团队开展工作的管理者来说，强化被管理者的服从意识有时是非常必要的。管理者如果能够在管理中适当地利用一些催眠技巧，便可以显著地强化他人的服从意识。

小李，你来公司三年了吧？

公司规定你是知道的。

1. 让对方一直说"是"，会让其潜意识放弃抵抗，产生一种必须服从的潜意识。

2. 在适当的时机使用一些委婉的威胁暗示语，可以使被管理者的服从意识增强。

3. 表现同理心，让被管理者感到自己被尊重，同时有一种"因为被了解而感激"的心理。

4. 在沟通中引导对方换位思考，唤醒同理心，让对方更理解自己，从而放弃不服从心理。

强化服从意识的技巧：一直说是、委婉威胁、获得理解、表示理解

我很理解你的做法。

想想看，你要是我会怎么做呢？

90. 化解矛盾：用催眠消除他人敌对情绪

　　社会交往中难免会出现一些误会或者不愉快事件，让别人对你顿时产生敌对情绪。这时你该怎么办呢？针锋相对、必要时饱以老拳还是和气生财、大事化小小事化了呢？相信一般人都会选择后者吧？可是"和气生财"说起来简单，你愿意和气时别人未必愿意，怎么才能消除他人的敌对情绪呢？

　　针对这样的情况，我们可以使用一些催眠技巧，让对方的敌对情绪逐渐消失于无形。

　　首先，作为一个催眠师，在任何情况发生时，你都要能做到头脑冷静，胸有成竹。只要你不发作，敌对情绪就不会演化成冲突或矛盾。如果你情绪发作，点燃了对方的怒火，可能后面什么催眠技巧都救不了你了。只要可能，脸上尽量保持着谦和的微笑，但不要让对方误会这是得意或者傲慢的微笑。

　　接着，与对方进行语言交流，表示理解对方的心情，并把对方现在的心情描述一番。记住要用平和舒缓的语气来进行，不管对方的语速声调是什么样的，你要始终保持自己的较慢语速和较低语调。一般情况下，用不了一分钟，对方说话的速度和语调就会逐渐变得和你一致，这时敌对情绪便开始降低了。实际上，你是在用接近催眠时使用的语速和声调与他讲话，让他的注意力开始从自身的不良情绪上转移，逐渐集中在你的声音上。在你讲话时，尽量让对方始终将注意力保持在你的声音上。如果对方情绪很激动，一直大声嚷嚷，不要打断他的发言，但可以趁他歇息喘气时插话。

　　如果自己确实理亏，一定要诚挚地道歉，不做任何辩解，以免又点燃对方的怒火，待对方敌对情绪消失殆尽后可以做一些辩解。如果只是误会，双方都没错，可以继续用催眠的语速和声调将之前发生的事情讲一遍，让对方在大脑里回忆一下事情发生的整个经过，从而对实际情况有更深一步的了解。如果对方的过错更大，你可以继续以催眠的语速和声调与之交流，通过交流中的语言暗示，诱导对方进行角色扮演，站在你的立场上来思考一下这个问题，唤醒对方的同理心，从而达到让对方认识到自己的过错的目的。

改变他人态度的催眠小技巧

> 她居然要和我分手,这是背叛!

> 错,这恰好是忠诚而不是背叛。

1. 直接表示质疑:它的意义在于使对方顿悟,能客观理性地看待问题。如甲说:"她居然要离开我!"乙回答说:"她不爱你还和你在一起,那就是欺骗,现在她离开你是忠诚于情感而不是背叛。"

> 我怕街上的人都看我。

> 对,所有人都喜欢看你。

2. 夸大对方认知:把对方的认知以夸张的方式放大给他看,从而让他认识到错误。如甲说:"我不爱集体活动,我怕别人都关注我。"乙回答说:"对啊,大家都爱看你不爱看别人,你可以在身上贴张纸写上'别看我'。"

> 当时你为什么不解释?

> 那时解释你相信吗?

3. 逐步澄清事实:有时别人可能因为各方面的原因对你形成了偏见或误会,急着澄清可能越描越黑,导致更深的偏见。不如暂时搁置,等对方自己发现自己的错误或者有机会时再做详细解释。

91. 解决纷争：用催眠来调解他人纠纷

催眠的强大之处不仅仅在于催眠师对受催眠者的神奇治疗，还在于催眠原理可以非常灵活而多变地使用，生活中几乎处处都有关于催眠原理的应用。就拿常见的一些小事来说吧，两个邻居因为某件事情产生了冲突，现在要你去解决纷争，便可以用到催眠。恐怕很多人都不会想到催眠和解决纠纷有什么联系，实际上在传统的解决纠纷的方法上，实施一些催眠小技巧，可以让调解纠纷变得轻松很多。

实际上，解决纷争和整个催眠过程是类似的，也需要经过类似催眠诱导、深入和唤醒等三个过程。

纠纷发生后，纠纷双方一般都会激烈争吵、情绪高涨，这时向双方了解纠纷的起因几乎不可能，因为双方情绪都不稳定。因此催眠师要做的第一件事情就是稳定双方情绪，避免事态升级。这时的催眠师必须审时度势，选择使用父式催眠那样强大的气场，用强有力的、威严的、命令式的、似乎不可违背的声音让双方分开；或者使用母式催眠那样温和而舒缓的语调，循循善诱、不厌其烦地对双方进行规劝。这便是类似于催眠诱导的过程，目的在于让双方都能够把注意力从对方身上转移到你身上。

然后就是抓住时机，找出纠纷起因。耐心地倾听双方的陈述，要一直用催眠暗示提醒自己，保持头脑清醒，不要只听一面之词，听完陈述后，要做到心中有数，知道怎样的结果能够满足双方的要求。随后便可以开始分别向双方征求意见，尽量将双方意见的共同之处体现出来，催眠师在催眠中也常常会使用到这种方法。通过这种方法，催眠师可以进入催眠深化过程；在调解纠纷时，我们也可以进入问题的关键之处。

征求双方意见后，要能找到关键点，像催眠中的最佳时机一样，关键点也非常重要。关键点是指某个指导性的意见，根据关键点可以找到最合适的解决方案。在解决方案得到双方认可后，这时可以将双方召集在一起宣布解决方案。这就是解决纷争的最后一个阶段了，和催眠唤醒的过程一样，我们必须巩固催眠的成果，因此我们也必须向双方强调解决方案不能再随意更改，并且双方都必须遵照执行。

调节纠纷中的父式催眠和母式催眠

调解纠纷是一个类似催眠的过程。可以根据具体情况选择使用像父式催眠一样用强有力的、威严的、命令式的、似乎不可违背的声音让双方分开；或者像母式催眠一样用温和而舒缓的语调，循循善诱、不厌其烦地对双方进行规劝。

调节纠纷的步骤

稳定双方情绪 → 找出纠纷起因 → 征求双方意见 → 找到问题关键点 → 宣布解决方案

父式催眠和母式催眠

1. **父式催眠**：父式催眠就是以命令式的口吻发布指示，让你感到不可抗拒，而不得不臣服。对于面对权威很容易听信并顺从的人来说，父式催眠非常有效，他们能在很短时间内进入催眠状态。

> 你的手沉重得抬不起来！不信试试！

2. **母式催眠**：母式催眠就是用温情去突破受催眠者的心理防线，是一种柔性攻势。对于那种"吃软不吃硬"的人来说，母式催眠更为合适，但母式催眠可能需要更长时间。

> 你仔细感受一下，手是不是似乎有些沉重？

92. 赢得支持：催眠术让你获得更多支持

工作中，当你的想法遭到阻力时，你或许很想再努力解释下，让同事们改变想法，都来支持你，但这种自命不凡的做法很少能成功。不过不要绝望，因为你已经学会了催眠，通过催眠技巧，你可以让大家都来支持你的创意。具体该怎么做呢？

让对方出谋划策。在催眠真正开始前，催眠师往往会和受催眠者讨论催眠治疗的具体方案，让受催眠者感到自己也是这个方案的策划者和执行者，从而更加积极地配合催眠师。因此，我们可以效仿催眠师，让同事们参与你想法的塑造过程，而不是期望他们无条件地接受你的想法。用他们的语言和他们交流，告诉他们你的想法是什么，然后邀请他们批判补充。让自己显得需要他们的帮助，不要让他们看到你自以为掌握着完美答案的样子。这样做后，你会发现，你的想法可能会变得更完善而且更加具有可行性，并且会得到更多人的支持。

善待不同意见。在面对不同意见时，催眠师通常使用更温和的方式来表达观点。那些喜欢争论和指责的人常常意识不到自己打击了那些持有不同意见的人，到了自己需要支持的时候，他们就会感到很纳闷：为什么支持自己的人那么少？实际上，面对别人的不同意见时，我们可以在不正面反对他人、不使用激烈措词的情况下表达自己的观点，尽量用"在某些条件下，这种观点是成立的"和"在目前条件下，这事还值得商量"等句式来应对不同意见。

满足对方的合理需求。在工作和生活中，我们常遇到利益分配的问题，如果你的想法或者方案完全没有满足他人的需要，甚至是损害了他们的利益，又怎么能够获得他们的支持呢？在催眠前，催眠师会跟受催眠者具体讲明，催眠不仅没有危害，还会促进他的身心出现非常大的改善，而这些正是受催眠者期望得到的。催眠师通过这种交谈以换取受催眠者最大的合作和支持。这一点在日常生活中依然起作用。

当然，对方的需求可能是体现在多方面的，如生活保障、安全、尊重、发展空间等，因此我们要根据具体情况，在可能的情况下满足对方的需求，从而获得最多的支持。

工作中赢得支持的技巧

当想法遭到阻力时,你或许很想努力解释以争取同事们的支持,但这种做法很少能成功。通过催眠技巧,你可以让大家都来支持你的创意。

1. 把你的想法告诉他们,请他们修改、补充,显得自己需要帮助,让他们觉得方案有他们的贡献。没有人会反对自己的意见,所以你的方案自然会得到更多人的支持。

帮我看看这个。

不错,我支持你。

这方案缺点太明显了。

你说得有道理,不过……

2. 有不同意见时,我们可以在不正面反对他人、不使用激烈措词的情况下表达自己的观点,尽量用"某些条件下这是成立的"和"目前这还需要商量"等句式来应对。

3. 要考虑他人的利益和需求。他人的需求可能是体现在多方面的,因此我们要根据具体情况,在可能的情况下满足他人的需求,从而获得最多的支持。

经费预算有你一份。

太好了,谢谢你啊。

93. 成功拒绝他人：让你拒绝别人时赢得信赖

在社交和工作中，我们经常会遇到一种让人为难的状况：面对别人的要求或求助，我们想拒绝但又似乎难以拒绝。比如在你很忙的时候，说一不二的上司偏偏让你出门干一件小事情，你既怕误大事又怕得罪上司，该怎么办呢？在这里我们可以看看如何用催眠技巧来对付这样的场景。

就以上面的例子来说，你分身乏术又似乎非听命令不可时，这时候你可以参照这样的回答："哦，知道了。不过这会儿我想先把明天和某某公司的合同方案，还有后天公司总部会议需要的企划书定下来再去。"听到这样的回答，上司一般是不会生气更不会为难你的，因为你的回答给了他两个暗示信息："我听你的"和"我很忙"。前面一个信息让上司信任你，不会对你生气；而后一个信息则告诉上司你还是找别人吧，我有客观原因。这就是催眠暗示里常用的一种技巧：在信息可能会引起受催眠者的负面情绪时，通过暗示的方法，让信息既能准确无误地传达给对方，又能绕过对方的负面情绪。

在上面这个例子里，"知道了"是一个含糊的回答，对上司的要求似乎是一个正面的反馈但又没有正面回答；而用后面的"不过"又表明了自己的处境和立场，而且"不过"相比"但是"之类的词来说，对抗意味弱了很多，对方几乎意识不到这是一个否定答案。这时上司一般就会不知不觉地接话："哦，你也挺忙的，那我叫小王去好了。"

另外，如果我们知道潜意识的注意重心在哪里，也能很好地拒绝别人。比如现在有这么两句话：

我很希望自己能够早日取得工作上的成功，但是也希望自己有足够的时间去休闲娱乐。

我很希望自己有足够的时间去休闲娱乐，但是也希望自己能够早日取得工作上的成功。

上面这两句话的意思其实差不多，但是给人的感觉很不一样。虽然"早日取得工作上的成功"和"有足够的时间去休闲娱乐"是两个相等分量的要素，但位置发生变化时，给人的感觉却完全不同。前者让人觉得说话者对工作失去了热情，后者则让人觉得说话者对工作充满热情，原因就是它将人们的注意重心引向了"但是"之后，对潜意识起到了很好的间接暗示作用。

拒绝他人时的一些小技巧

我们常会遇到一种让人为难的状况：面对别人的要求或求助，我们想拒绝但又似乎难以拒绝。我们可以看看如何用催眠技巧来对付这样的场景。

"不行，这对您健康有害。"

"我想找您帮个忙。"

1. 拒绝时站在对方立场上，为对方说话。这样显得不是自己不愿意，而是为对方考虑。这样的拒绝不仅不让人生气，还会让人感动。

2. 让对方不知所措，趁机溜走。做出一种反常的行为，或说出一句令人费解的话，让对方暂时处于恍惚状态，这时便可以趁机溜走。

"龙虾炖牛奶西红柿方便面。"

"这毛衣799不算高。"

"好，我一会就洗澡。"

"别看电视了，你去洗碗吧。"

3. 实在躲不开，可以试试装傻策略。比如假装听错对方的话、没能理解对方的意思或者假装走神了没听见等。

94. 成功说服他人：催眠帮你改变他人想法

有时候，我们需要去做一些说服的工作，对方可能是你的父母、孩子、上司、顾客、朋友、主考官……如果不掌握技巧，可能你用尽千方百计也没法换来对方的丝毫转变。遇到这样的事情是不是很气馁？这时可别忘了催眠，催眠在说服他人方面可是有着非常强的优势。如果我们把催眠中的小技巧用于说服他人，很可能会起到立竿见影的作用。

烘托友好气氛。在说服时，你首先应该想方设法调节谈话气氛。如果你和颜悦色地用提问的方式代替命令，并给人以维护自尊和荣誉的机会，气氛就是友好而和谐的，说服也就容易成功；反之，在说服时不尊重他人，拿出一副盛气凌人的架势，那么说服多半是要失败的。毕竟人都是有自尊心的，谁都不希望自己被他人不费力地说服而受其支配。

诱导对方换位思考。当你想说服比较强大的对手时，可以借鉴一下催眠中的人格转换法，试着诱导对方换位思考，从而以弱克强，达到目的。例如："我和您儿子年纪差不多，如果是您儿子遇到这事儿，您会坐视不理吗？我和您儿子一样都是年轻人，脸皮儿都薄，如果不是太为难我也不会来求您……"这段话会暗示对方，让对方想象下自己的儿子为难时的样子，诱导对方换位思考。

体现善意威胁。催眠师在诱导受催眠者戒烟时，会刻意强调吸烟的危害，让对方产生恐惧感，在说服他人时，这种技巧依然管用。我们可以用善意的威胁使对方产生恐惧感，从而达到说服的目的。需要注意的是，我们的态度要友善，而且威胁不能过分，否则可能弄巧成拙，激起对方的强烈反弹。

用情感攻势攻破防范。在你和要说服的对象较量时，一般彼此都会产生防范心理。从潜意识来说，防范心理的产生是一种自卫，也就是当人们把对方当作假想敌时产生的一种自卫心理。那么消除防范心理的最有效方法就是反复给予暗示，表示自己是朋友而不是敌人。这种暗示可以采用种种方法来进行：嘘寒问暖，给予关心，表示愿给帮助等等。

说服他人常用的小技巧

有时，我们需要去做一些说服工作，催眠在说服他人方面有着非常强的优势。如果我们把催眠技巧用于说服他人，会起到立竿见影的作用。

1. 烘托友好气氛：想方设法调节谈话气氛。用提问方式代替命令，给人以维护自尊和荣誉的机会，保持气氛友好和谐。

2. 诱导对方换位思考：当你想说服比较强大的对手时，试着诱导对方换位思考，从而以弱克强，达到目的。

3. 情感攻势：人们把对方当作假想敌时易产生防范心理。消除方法就是情感攻势，表示自己是朋友不是敌人。可以采用嘘寒问暖，给予关心，提供帮助等方法来进行暗示。

95. 成功激励他人：用催眠调动他人积极性

作为老板，如何让自己的员工奋发向上、努力工作？作为朋友，怎么激励自己的朋友从颓废走向积极？作为家长，如何让孩子学习劲头越来越足？很简单，这些都可以通过激励对方而达成激励他人，实际上就是激发他人的积极性，而积极性可以让人们开发出埋藏心中的潜能。催眠在潜能开发方面已经得到了很广泛的应用，利用催眠术，我们可以轻松地掌握激励他人的方法。

肯定与赞美。肯定和赞美在催眠中常常被用到，催眠师在诱导中常常会说"好，做得很好""不错，就是这样的，继续保持"。通过肯定与赞美，可以建立他们的信心，可以激励别人发挥他们的潜能，并使他们成长。

利用成功暗示。想想，如果你的老板跟你说："去年四月份你给我的那份演示文稿让我印象非常深刻，真是有才华啊！我见人就称赞它。希望你再接再厉啊，策划部还差一个经理呢！"你一定会很开心很舒畅吧？看起来老板对你的工作非常肯定，还给了你足够的尊重和上升的空间。接下来你会不会干劲十足呢？在催眠中，催眠师也会这么做，这就是一种对成功的暗示。

用共同利益换取合作。在催眠中，催眠师常常会告诉受催眠者，如果受催眠者合作，对催眠师和受催眠者各有多少好处，因为与对方有共同的利益关系时，人们更倾向于相信对方的话。在激励他人、调动他人积极性时，我们要用共同利益来诱导对方。

想象成功的结果。每个人都期望成功，但不是每个人都会清楚地了解成功之后是什么样。催眠师会诱导受催眠者产生想象，比如减肥后人们的评价，戒烟后家人的欣喜等，从而激发受催眠者更大的决心。在激励他人时，我们也可以引导对方想象，让他们看到自己的成功带来的正面信息，改变他人对事情的消极态度或错误做法，更好地鼓舞他人。

用信念作为吸引力。当我们认定自己的行为或承诺是正确的，这个信念就会激发并维持我们的积极性。催眠师会利用受催眠者的信念来激发其积极性，同样，我们也可以结合对方的爱好、特长、目标等，帮助他树立一个信念，通过信念来激励对方。

激励他人的方法与技巧

激励他人的几个方法

成功激励
- 肯定与赞美
- 利用成功暗示
- 强调共同利益
- 想象成功结果
- 使用信念吸引

激励他人的几个小技巧

1. 抬高对方身份，使其振奋。

你是我心目中的居里夫人啊。

2. 客观评价，使其自我反省。

你是个聪明孩子，只是做事情太不认真了。

3. 肯定成就，再提更高目标。

你很杰出！希望再接再厉！

96. 迅速俘获芳心：催眠帮你成为恋爱达人

拿着苍蝇拍的无聊年轻人常常感叹：为什么没有女孩子喜欢我？另外一些有意中人的年轻人常常因为感情上的事情发愁，他们常常纠结于一个古老的问题：为什么她喜欢的不是我？

在大多数年轻人问这两个问题时，却总有一些其貌不扬的男生牵着美女幸福地飘过面前，享受其他人的白眼和红眼，他们可以称得上是真正的恋爱达人。他们到底有什么办法呢？到底怎样才能让意中人喜欢自己呢？实际上他们只不过懂得一些简单的催眠方法罢了。如果你懂得在追美女的时候使用一些催眠原理，可能事情会变得顺利很多。

首先是展示自己的吸引力。吸引力是陌生人间认识的基础，人们总是喜欢与自己有共同之处或者能够互补的人，如果你能够展现出这方面的吸引力，就能够吸引住对方了。通过和对方简短的交流，恋爱达人可以很快了解对方是什么样的人，喜欢什么，然后根据对方隐含的内心期盼，展现出自己与对方的共同之处或者与对方差异的互补之处，自然就能够吸引对方了。

吸引之后就是展示影响力了，这就是催眠的过程。催眠本质上是绕开意识，与潜意识进行交流，因此需要受催眠者停止逻辑思考等意识领域的心理活动，那些恋爱达人最擅长的就是这个了。他们是如何让人失去逻辑的呢？首先是让对方情绪化，也就是更加感性化。比如情诗、情歌就都是很感性的东西，可以让对方放弃理性思考；如果对方接受，你可以继续选择这种方式，不断使其情绪化。其次就是让对方变得疲劳，逻辑减弱。例如看电影、逛街、户外运动等等，会让对方感觉精神疲劳，意识能力下降，更容易受到暗示。三就是让其精神放松，进入单调无聊的恍惚状态，意识抵抗变得微弱。最简单的催眠是：简练、重复、押韵。例如你每天送一朵玫瑰赢得芳心的几率要比毫无规律地送花所达到的催眠效果要好得多。

在追求对方的过程中，也许你也要注意对方的一些举动是不是暗合着催眠原理，让你进入了催眠状态。有时我们看到有些人一次一次地被拒绝，却愈挫愈勇，其实他们很可能就是被对方的某些举动催眠了。

恋爱中的小技巧

恋爱里的催眠技巧

1.展示吸引力
- 展示与对方的共同之处
- 展示与对方的互补之处
- 展示吸引对方之处

2.施加影响力
- 让对方情绪化、感性化
- 让对方疲劳，逻辑减弱，易受暗示
- 让对方精神放松，意识抵抗微弱

恋爱里的其他技巧

1. 表现出绅士风度

> 女士优先，美女最先。

2. 永远不吝惜赞美

> 简直是量身定制的！

3. 不时地来点惊喜

> 快递员怎么是你？

> 玫瑰一束，再赠帅哥。

4. 偶尔也需要离别

> 我很快就回来的。

> 舍不得你走啊。

站台

97. 让孩子听话：催眠帮你与逆反的孩子沟通

　　青少年处于身体发育和心理成长的过渡期，他们的独立意识和自我意识会随着年龄增长而日益增强，迫切希望摆脱成人的监护，因此逆反心理在青少年成长过程中极为常见，整个逆反心理出现的时期被称为逆反期。

　　处于逆反期的青少年认为自己已经长大，很不喜欢家长把他们当孩子看待，为了表现自己的思想独立，他们倾向于对任何事物持批判态度。逆反心理虽然说不上是一种非健康的心理，但是当它反应强烈时却是一种反常的心理。它虽然不同于变态心理，但已带有变态心理的某些特征。对于逆反期的青少年如果不正确加以引导，可能会导致多种病态性格，而正确的引导方法中，利用催眠原理进行沟通是一种省时省力的方法。

　　首先让青少年知道主导权在他自己手里。青少年阶段正是建立自身价值观的时期，家长应该明白没有哪种价值标准绝对正确，应该尊重孩子的价值取向，不应该强行灌输自己的思想。你可以尽可能告诉孩子有哪些价值准则，再告诉他你的观点，至于他应该怎么做那是他自己的事情，应该由他自己解决。正如催眠师一般会让受催眠者相信，所有的催眠都是自我催眠，受催眠者只不过借助催眠师的帮助，把自己催眠了，自己永远主导着催眠，所以完全没必要担心会受到催眠师的控制。

　　青少年感觉到主导权掌控在自己手里时，自然有一种脱离控制的欣喜感，也更倾向与家长坦诚交流，这时家长便可以与孩子进行双向沟通了。需要注意的是，家长如果感觉方法不对，需要立刻换方法。催眠师在进行催眠诱导和催眠深化时，可能会遇到使用的方法对受催眠者完全无效的情形，这是因为每个人对不同的方法的敏感度不同造成的。这时，催眠师要马上与受催眠者沟通，尝试别的办法，而不是在失败的方法上反复尝试，一错再错。同样，与孩子交流时，家长也要根据孩子的接受程度来对沟通方式进行逐步调整，直到找到最好的方法，而不是一味地用一种孩子不接受的方式来单方面寻求沟通。

　　在与家长达到了良好的沟通后，青少年的逆反心理自然就会逐步消失了。

青少年逆反的家长因素

青少年的独立意识和自我意识会随着年龄增长而增强,迫切希望摆脱成人的监护,因此逆反心理在青少年成长过程中极为常见。很多青少年出现逆反心理,有家长因素在起作用。以下三种家长因素在国内是比较常见的。

1. 教育方式不当

某些家长完全无视子女的自尊心和心理承受能力,经常以批评、羞辱的方式来教育孩子。

2. 缺乏民主意识

某些家长在家庭教育中要求孩子绝对服从自己,满脑子传统专制思想,不给孩子发挥空间。

3. 亲子交流不畅

某些家长很少有耐心去与孩子沟通,根本不明白孩子的想法,因此常常与孩子产生思想矛盾。

98. 成功演讲：集体催眠助你成为演讲家

演讲是一门语言艺术，它的形式是"讲"，即运用语言来体现言辞的表现力和声音的感染力，同时辅之以"演"，即运用面部表情、手势动作、身体姿态乃至一切可以理解的形体语言，使讲话艺术化，从而产生艺术魅力。对于擅长演讲者说，演讲有很多技巧，如果我们来仔细分析一下，会发现这些技巧都蕴含着催眠原理。

催眠与演讲有很多共通之处，它们同样是利用声音、表情、动作来吸引受众的注意力。因此演讲者可以借鉴很多催眠技巧。

展现脸部表情。演讲者的脸部表情会带给听众很深刻的印象，合适的表情会给演讲加分很多。有时演讲内容决定了我们的表情必须充满自信、诚恳或者坚定、沉痛等，但表情似乎是很难由个人意志控制的。这时演讲者如果通过催眠暗示，暗示自己在某一个特定的场合，以此来获得跟演讲内容符合的表情，自然就能起到非常好的效果。

控制声音速度。演讲主要以声音为媒介来感染听众，因此既要用声音准确表达出丰富多彩的感情，又要使自己的声音达到最佳状态。例如说话速度，想给人以沉着冷静的感觉时，语速就应该稍慢；而要展现激情，语速就应稍快。需要注意的是，与催眠不同，如果演讲一直以相同的速度来进行，听众很可能会因为单调乏味而睡着。

科学发音取决于科学运气。有些演讲者时间稍长点就底气不足，出现口干舌燥、声音嘶哑的现象，此时，只得把气量集中到喉头，使声带受压，变成喉音。气息是声音的原动力，科学地运用运气发音方法可以使声音更加甜美、清亮、持久、有力。要达到这个目的，平时要加强训练，掌握胸腹联合呼吸法。其要领是：双目平视，全身放松，喉松鼻通，无论是站姿还是坐式，胸部稍向前倾，小腹自然内收。吸气方法是：扩展两肋，向上向外提起，感到腰带渐紧，后腰有撑开感，横膈膜下压腹部，扩大胸腔体积，小腹内收，气贯"丹田"，用鼻吸气，做到快、缓、稳。呼气方法是：控制两肋，使腹部有一种压力，将气均匀地往外吐，呼气时用嘴，做到匀、缓、稳。

公开演讲中的小技巧

演讲是一门语言艺术，它的形式是"讲"，同时辅之以"演"，使讲话艺术化，从而产生艺术魅力。演讲的很多技巧里都蕴含着催眠原理。通过以下三个技巧，可以很快提高自己的演讲表现。

1 解除目光压力
- 从听众中寻找善意眼光。把视线投向强烈"点头"以示首肯的人，对巩固信心也有效果。

2 展现脸部表情
- 通过自我催眠获得跟演讲内容符合的表情，能起到非常好的效果。

3 控制声音速度
- 想给人觉着冷静的感觉，语速应稍慢；要展现激情，语速应稍快。

本章你学到了什么?

不妨写下来吧!

记录日期:

第八章 无处不在的催眠现象

99. 晕轮效应：爱情里的催眠现象

100. 舞台催眠：请不要只把我当娱乐

101. 催眠麻醉：医学上的催眠应用

102. 商业活动：无处不在的类催眠

103. 非法传销：洗脑骗术的催眠原理

104. 法庭催眠：让嫌疑犯主动坦白

105. 名人明星：你的偶像会催眠

106. 网络文化：别被电脑催眠了

99. 晕轮效应：爱情里的催眠现象

当月下老人将一对男女撮合在一起的时候，双方都可以找出无数个非他不嫁，非她不娶的理由，这就是所谓的天作之合。这些理由都是真实和理性的吗？如果我们冷静地剖析，会发现爱情原来是盲目与非理性的，那些热恋中的人们几乎都是处于自我催眠的状态。

心理学家对爱情是这样描述的：爱情由一种温柔、挚爱的情感构成，在体验到这种情感时，还能感到愉快、幸福、满足，甚至是洋洋自得和欣喜若狂。

有关大脑的最新研究发现，当情侣沉溺爱海时，会失去判断能力，扫描显示爱情会加速脑部奖赏区域的反应，并减慢做出否定判断系统的活动。当奖赏系统想到某人时，脑部会停止判断社会评价和做出负面情绪的活动，这就很好地解释了爱情的魔力，也很好地解释了爱情的盲目性，即处于一种意识恍惚的自我催眠状态中。

情人眼里出西施。如果把这句话转换为心理学术语，那就是在恋爱状态中，人们的知觉被歪曲，直至被严重歪曲。恋爱中的人们，情感高度卷入，他眼中的世界实际上是一个他想看到的世界，而不是真实的世界。他，当然希望她能够是白雪公主；她，当然也期盼他是白马王子。好的，既然你这么想，在你眼中也就真的如此了。

恋爱是一种无条件的积极关注，初恋尤其如此。相对来说，初恋一般是最难忘怀的。进入青春期的孩子对异性总是充满神秘、向往和爱慕，而这个时期的爱，还不能为社会所接受，因而会受到各个方面的阻力，但是这种阻力往往会让人产生高度的心理抗拒，从而导致相反的选择出现，即对自己好奇并渴望了解的人或是事物更加热衷。而在初恋无果而终后，初恋中那个完美无瑕的人便成为一个永远无法被取代的人了，甚至变成了与他人比较的一个标准。

热恋看上去更像是一种自我催眠，其注意点、兴奋点已完全集中于所爱的人身上，其价值观已无法用常理去判断，因为整个人已处于意识状态与无意识状态之间。对于不涉及恋爱对象的事情还能客观对待，但对于与恋爱相关的事情，便都无法以常理看待了。

爱情的心理机制与两种效应

爱情的心理机制

- 否定判断系统
- 负面情绪
- 判断社会评价

● 脑部奖赏区域

爱情会加速脑部奖赏区域的反应，并减慢做出否定判断系统的活动。当奖赏系统想到某人时，脑部会停止判断社会评价和做出负面情绪的活动。

爱情中的两种效应

1. 契可尼效应：契可尼效应是指对已有结果的事情很容易忘记，而对未完成的事却总是记忆犹新。没有结果的恋爱总让人念念不忘就是这个效应的体现。

与他认识，是我17岁那年的春天。

想起他，感觉就像是在昨天一样。

2. 晕轮效应：晕轮效应也叫光环效应，意思有点像"爱屋及乌"，是指个人在敬仰、爱慕他人过程中所形成的夸大了的社会认知。

你看他，头顶闪着智慧的光芒。

那叫秃头好不好？

213

100. 舞台催眠：请不要只把我当娱乐

很多人对催眠的认识完全来自于娱乐业，即舞台催眠。在 18 世纪麦斯麦时代，催眠表演师就已存在，且享有很高的声望。当代的舞台催眠师有的带着舞台作品四处巡游或出现在集市中，有的还在电视中频频亮相。他们的表演具有很强的娱乐性。

舞台催眠和催眠治疗有什么不同？本质上没有太大差别，舞台催眠师也是先诱导观众进入催眠恍惚状态，绕过意识而对潜意识施加暗示作用的。两者最主要的区别在于，出现在舞台或电视上的催眠节目纯粹以娱乐为目的，而非治疗，所以舞台催眠师给观众施加的暗示往往和临床催眠师所用的暗示大不相同。

参与舞台表演的志愿者可能会被要求学鸭子走路或嘎嘎叫、学鸟儿拍"翅膀"、跳芭蕾舞、遭遇外星人，或拍打想象中的苍蝇。志愿者也可能被暗示自己刚代表中国足球队赢得世界杯、刚徒手登上珠穆朗玛峰，或刚报废掉自己没买保险的宝马汽车。在催眠治疗中，这些娱乐性暗示很少被用到。

另一个重要的区别是催眠导入的速度和催眠深度的不同。在催眠治疗时，催眠师往往需要用较长的时间为病人进行催眠导入。比起其他人来说，有些个体可能更不容易接受催眠，因此催眠医师需要为具体的受催眠者选择最合适的催眠导入方式。此外，催眠医师相当多的治疗工作常常是在相对轻度的催眠中进行的。

相反的是，舞台催眠师必须快速地进行催眠导入，时间过长，催眠导入过慢，会让观众觉得枯燥乏味。同样，舞台表演者为了达到让催眠对象遗忘的效果，通常会让其进入深度的催眠状态，所以只能选择那些催眠接受性好的观众参与节目。

在催眠诱导和暗示技巧方面，优秀的舞台催眠师并不比催眠医师逊色。技巧娴熟的舞台催眠师能在很短的时间内让个体进入深度催眠，并快捷有效地对其施加暗示。此外，很多舞台催眠师曾做过催眠医师，有的后来转变成了催眠医师，还有的同时担任这两个角色。因此，舞台催眠与医疗催眠之间其实并非像表面看上去那样迥然不同。

舞台催眠师的技巧

舞台催眠和催眠治疗本质上没什么不同,不过因为目的不同、对象不同,舞台催眠师为了舞台效果而采用的方法、技巧和催眠治疗中的方法技巧也大有不同。

1. 两者最大的区别在于,舞台催眠以娱乐为目的,而非治疗,舞台催眠师给观众施加的暗示和临床催眠师的暗示往往大不相同。

2. 舞台催眠师要看哪位观众对催眠的接受度最高,并做些暗示性试验,看哪位做出的反应最好,以此来挑选跟他一起表演的观众。

就是你了。随我上台表演吧。

看好了,水晶球会把他变成小狗。

3. 舞台催眠师常常会故意误导观众,让观众以为舞台催眠师有魔力,他们用一些完全没有必要的动作或者道具来迷惑观众,增添表演的戏剧性。

101. 催眠麻醉：医学上的催眠应用

催眠麻醉是指在催眠状态下受催眠者部分或完全失去知觉、完全失去疼痛意识；催眠无痛觉是指催眠状态下注意力转移到疼痛之外而无法感觉到疼痛。二者之间的差别很小，经常交换使用。人们可以通过催眠中出现的这两种现象，对一些不适合使用麻醉药的病人来进行手术麻醉。

催眠法在手术中替代麻醉药物的使用可追溯到1846年。那时，催眠法在手术中的功效就已经被许多研究证实。而在1971年，由15名需要进行心脏手术的病人组成的治疗组，倾听了建议手术前身体系统放松的录音磁带。相比起另外一组没有听录音磁带的病人，他们的消极心理反应少，麻醉后恢复期短、输血量少、发高烧者少。最近研究表明，在手术前使用催眠法，可以减少病人需要的麻醉药和弛缓药的数量；并且手术中使用的减轻疼痛建议意味着更快的恢复。在催眠状态下潜意识接受了相当于化学麻醉药的建议。

催眠在当今主要的手术中作为唯一麻醉方法的情况并不普遍。因为对于医生来说，化学麻醉相对更可靠，而且容易操作；而催眠麻醉虽然成本低、无副作用，但是缺乏经验的催眠师可能会导致催眠麻醉失败或者其他不可预知的情况出现，结果可能是非常糟糕的。为了避免这样的情况出现，医生们都是尽量使用化学麻醉药物的。

当然，这不是说催眠麻醉就一无是处，如果化学麻醉是有害的，如在怀孕、肺部疾病或其他医疗状况下，那么催眠麻醉就是一种可选的有效的选择。

儿童可能是最适合使用催眠麻醉的了，因为儿童的催眠敏感度普遍较高，相对来说更容易接受催眠，而他们信任的天性、丰富的想象力使他们成为手术前和手术后催眠的主要人选。儿童的想象力非常丰富，因此可以在催眠时引导他们发挥想象力，进入更深的催眠深度中。曾有一个12岁的患有脑膜炎的孩子需要进行脊骨针灸，因为对麻醉药敏感，后来在医生建议下，由他父亲将他催眠，让他沉浸在自己想象的美好世界中，以至于整个针灸过程中他都没有感觉到任何不适。这就是催眠麻醉的神奇魔力。

催眠麻醉的三个优点

通过催眠，人们可以对一些不适合使用麻醉药的病人进行手术麻醉。相对于使用麻醉药的传统麻醉来说，催眠麻醉有以下三个优点。

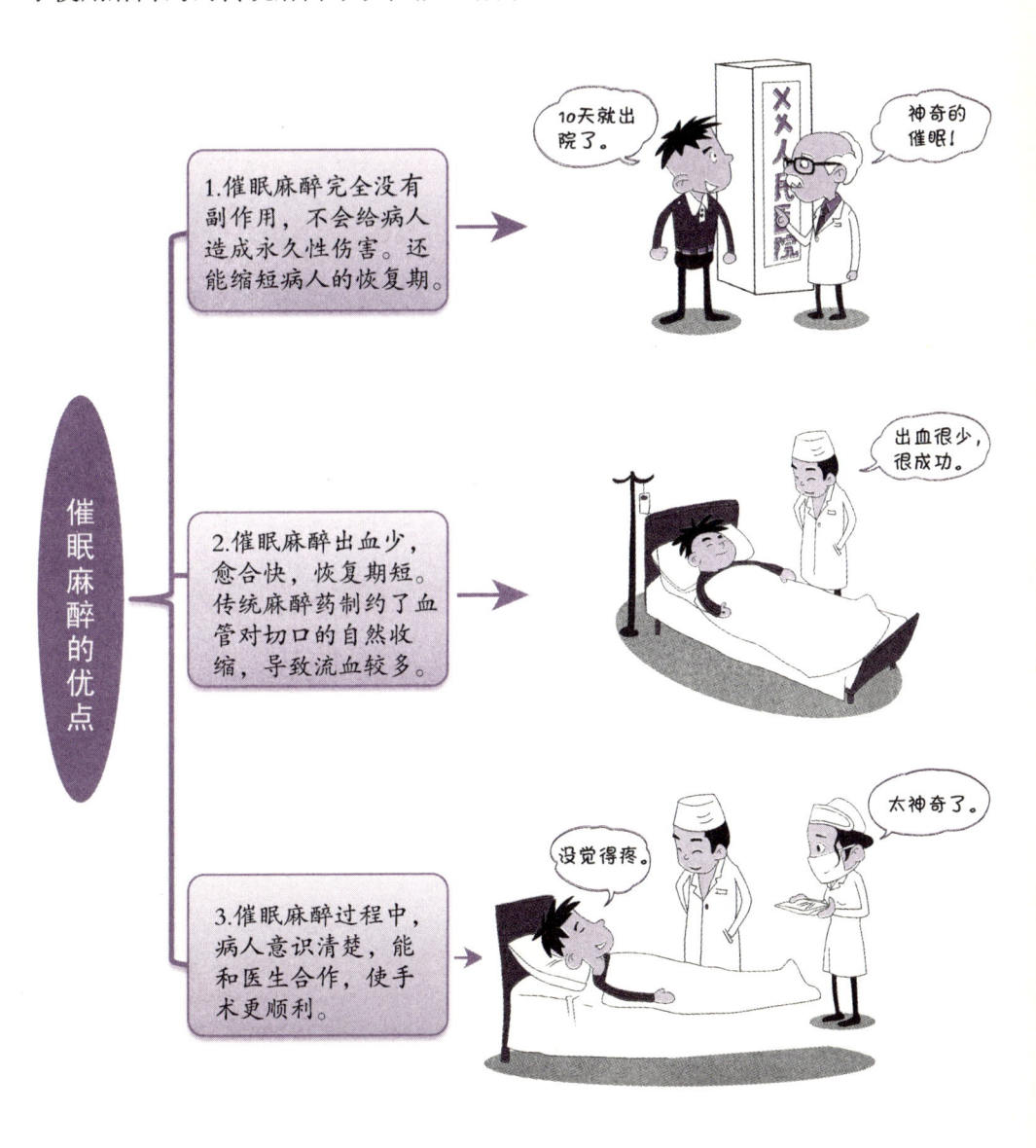

催眠麻醉的优点

1. 催眠麻醉完全没有副作用，不会给病人造成永久性伤害。还能缩短病人的恢复期。

    10天就出院了。

    神奇的催眠！

2. 催眠麻醉出血少，愈合快，恢复期短。传统麻醉药制约了血管对切口的自然收缩，导致流血较多。

    出血很少，很成功。

3. 催眠麻醉过程中，病人意识清楚，能和医生合作，使手术更顺利。

    没觉得疼。

    太神奇了。

102. 商业活动：无处不在的类催眠

很多人都声称自己在看电视时不会去过度关注广告，但是有多少人敢说自己不知道"今年过节不收礼"的下一句是什么呢？其实很多人都是如此，以为自己没有注意那些广告，就不会受到广告的影响，却不知道自己实际上已经被这些广告催眠了。因此，不论这个广告到底创意如何，实际上大部分人都是被"脑白金"广告"催眠"了，而"脑白金"只是一个普通的类催眠的商业活动。

当前世界是一个商业社会。推销自己的产品与服务，是全球数以亿计的人每天都在从事的活动。在这种活动中，有人成功，有人失败。而实际上，世界上的产品同质化倾向已日趋明显。能否卖得出去、卖得很好，与广告宣传有着很大的关系。那些优秀广告几乎都或多或少地运用了催眠原理。

广告投放者总希望广告能拨动目标市场消费者的心弦，进而发生购买行为。精明的厂商会有意无意地利用催眠原理拨动消费者的心弦，并使之产生共鸣，直至按照广告主的意愿去进行消费。

在催眠实施过程中，催眠师的最终目的很明确，就是进入受催眠者的潜意识，干预其心理世界中的某个观念，或帮助受催眠者建立起某种正确观念，解决其心理疾患。也就是说，从根本上是解决一个"理"的问题。但从技术路线看，尤其是从导入催眠状态的技术路线看，却是要走"情"的路线。在催眠过程中，催眠师不断暗示受催眠者：你感到很舒服，有一种从未体验过的舒服的感觉。当那些神奇的催眠现象发生以后，旁观者都以为催眠师有什么秘不示人的绝招，其实，高明的催眠师只是在点点滴滴的情感积累之中，与受催眠者取得了高度的心理相容。一旦情感占据了上风，哪怕是与"理"相悖的观念也能接受。

沿着这样的思维轨迹，我们就能够解释为什么销售同样品质、同样价格的产品，有些人卖得好，而有些人怎么也卖不好了。

潜意识广告的妙用

世界上的产品同质化倾向已日趋明显,几乎没有一家产品在性能上、价格上是独占鳌头,无人与之争锋的。能否卖得出去、卖得很好,与广告宣传有很大关系。那些优秀的广告都或多或少地运用了催眠术的原理。

1. 心理学家米迦里研究购买动机时做了一个实验。他使用自创的投射装置,于电影院中的影片放映期间,每隔五秒便做三千分之一秒的投射,投射内容是可口可乐和爆米花的广告,重复投射达69次。

2. 这么短时间的投射,几乎是不可能被察觉的,但实验结果表明,六个星期后,爆米花和可口可乐销量大增。这表明虽然没有人察觉广告的存在,但广告确实起了作用。

3. 实验证明了潜意识的影响力。对于超短时间的曝光投射,观众完全意识不到,只有潜意识才能捕捉到广告信息,这说明潜意识对人们的行为产生了影响。

103. 非法传销：洗脑骗术的催眠原理

"传销"这个词语最早是从英文翻译过来的，意思就是一种多层次、相关联的经营方式。在西方国家，传销作为一种良好的商品销售模式发展得很好，但这种经营模式在传入我国后，被一些不法分子利用，变成以发展人员为主的传销组织。这些组织严重扰乱了社会经济秩序、市场健康有序的发展，严重影响了社会稳定和金融秩序。

传销的本质就是催眠。有很多人在传销组织中无法自拔，有时甚至认为自己的传销行为是一件非常高尚、荣耀、值得自豪的事情，是在为了理想和成功而奋斗，对自己所做的事情不加任何批判和怀疑，这显然是典型的催眠反应。正是这种变了味的传销组织，导致了成千上万的人上当受骗。一旦进入组织，人们好像被一种无形的力量牵动、控制，在明知其性质的情况下，依然引诱他人甚至亲朋好友加入进去。

传销课程的本质是集体催眠。非法传销者往往打着授课、讲解成功之道的幌子引诱受害人加入，并且在"课程"中对受害人进行类似于洗脑的强化训练，使受害人深陷其中难以自拔。

加入传销课程的人往往吃、住、行都在一起，不得随意离开控制者的视线，不能随意花钱。新来的人还要上缴自己的手机，断绝同外界的联系。上课时，授课者又故意把房间安排得满满的，使每个人的空间变得十分狭小，进而让人头昏脑胀，难以有正确的判断。这些手段都是为了缩小参与者的心理空间，让他们最大限度地避免外界的影响与干扰。

通过以上种种措施，传销人员便能够保持精力的集中，接受内部伙伴的诱导。传销团队对新来的人往往都十分热情，每个人都走过来跟新人握手、问好、嘘寒问暖，让新来者有一种亲切感和受到重视的归属感，从而放松警惕。没有了心理防备，从而更容易接受后续的催眠。

传销队伍里经理和员工间的差别很大，"领导"受到绝对尊重。而且每升一级，他们所宣称的收入也会有大幅的提高。这些都是为了使新人产生羡慕，给出一个如此美好的榜样，就能让他们为提升自己的等级而努力奋斗。这是催眠的一种常见形式。

传销课程中的集体催眠

传销课程是传销骗术中骗子最重视的一环,他们借传销课程向受害者传达疯狂的短期致富的观念,引导受害者交会费,并拉更多人进入传销团伙。课程效果直接决定他们能否成功行骗,传销课程本身就是一种集体催眠。

1. 传销课程常在与外界隔绝的场地进行,"讲师"满怀激情地向听众传达"我要成功"等信息,让听众放弃自主思考。

跟我喊:我要成功!

每个人都可以像我一样成功!

2. 一些人带头声嘶力竭地喊口号,加上一些"成功人士"的经验分享,足以让台下一大群人在疯狂中全身心地投入到这场致富美梦。

3. 在这种氛围下,大部分人会对团体产生归属感,对被灌输的观念深信不疑,相信自己可以用价格虚高甚至虚无缥缈的产品赚钱。

我也是这个目标,三年三千万啊。

我的目标是成为金牌代理。

104. 法庭催眠：让嫌疑犯主动坦白

很多人在有关犯罪的电视节目和电影里面看过有关法庭审理和判决的情节。对于这些情节很熟悉的人一般都知道，执法机构常常会遭遇到一个古老而棘手的难题：受害者或者证人经常会对自己在案件发生时的耳闻目睹记得不太清楚，而记不清楚的那些正好是案情的关键所在。受害者或者证人通常提供不了多少可供参考利用的细节，即使他们当时就在犯罪现场，亲历了现场发生的一切。这种情况下，法庭催眠通常能够帮助调查者和执法者，让受害者和证人回忆起一些重要线索。

法庭催眠说起来历史非常悠久。早在1845年的美国，催眠师让一名妇女进入催眠状态，让她帮助回忆一个从商店偷钱的小偷。她在催眠状态下详细描述了一个大约14岁的男孩的外貌，并说出了他跑出商店后逃跑的方向。这个男孩被抓到时感到非常吃惊，很快承认了自己的偷窃行为。

二十世纪七八十年代，美国发生了后来臭名昭著的泰德·邦迪案。其中一位证人在催眠状态中记起的证据，对判定邦迪绑架并杀害了12岁女孩金波莉·丽琪至关重要。起初主要证人只能记起很少的细节，后来在催眠中记起了可以证明邦迪罪行的重要细节。但在上诉时被告方坚持说法庭依靠这一证据是错误的，因为证人在催眠状态下给出的证词与之前不符。但在最后，法庭还是驳回了邦迪的上诉，他后来自己承认了杀害28名妇女的犯罪事实，被判了死刑。

由于催眠可能存在的一些问题，美国各州对受害者或证人在催眠状态下提供的证据的采用都非常慎重，各州针对获得证据的前提都制定了非常明确的规定。如：同一名催眠师不应经常受雇于检察当局；催眠师必须是名副其实的专家；所有会面都应被录下来；必须注意不要引导被催眠的证人说出某个特定答案。

尽管法庭催眠还可能存在各式各样的问题，法律程序也极其复杂，但催眠仍然在犯罪调查中发挥着重要作用，尤其是在一些缺乏线索的案件中，催眠的作用更加突出。调查小组没有线索，也就没法引导证人给出自己想要的答案，证人在催眠下提供错误答案的可能性很小，此时证人的回忆就有可能提供重要线索。

为什么法庭不采信催眠获得的信息

法庭催眠通常能够帮助调查者和执法者，让受害者和证人回忆起一些重要线索，但是目前很多国家都不采信催眠获得的信息，这是为什么呢？

你看到了什么？

我想想，一个女人拿着一把刀。

1. 记忆有时只是一些碎片，我们常会在遗忘处填上适合信息让碎片连接起来。连接之后的记忆变得有逻辑，但可能与事实不一样。这种回忆是虚假的但又不是撒谎。

对，他拿着绳子。

你应该看见绳子了吧？

2. 还有另外一种可能性也不能排除。这就是调查者也许知道自己想要什么答案，于是便有意或无意地牵引证人或受害人最终说出他们想要的答案。

真的吗？

就是这样的。

3. 由于这些原因，各国法庭对待催眠下获得的证据和证词基本上都持部分怀疑态度，一般都把催眠得到的信息作为辅助参考之用，而不是线索或证据。

105. 名人明星：你的偶像会催眠

在我们身边众多的催眠效应中，有一股更为隐秘，却不可忽视的力量，那就是名人与明星的催眠。

人们羡慕名人和明星们那耀眼夺目、璀璨多彩的生活，羡慕他们为世人瞩目的尊荣，于是不由自主地加以崇拜，并且将其视作自己的偶像。明星对粉丝所具备的天然催眠作用，最直接的原因在于他们无与伦比的感染力和号召力。为什么商家会不惜花费重金请这些明星作代言呢？他们要的就是明星的感染力与号召力，也就是他们的催眠效应，进而为自己带来巨大的经济利益。

虽然说明星最大的催眠法宝就是他们身上闪耀着的光环，但是除此之外，作为明星，他们对外界更有一种隐含的权威性："我是名人，我有自己的价值，我会为我说的话、做的事负责，所以我的话是权威。我代言的品牌自然就会有广告效应，而且质量有保证。"于是，在这种权威性的催眠下，即便不是明星的拥护者，也会认同"大明星代言大品牌"的理论。

人们对于权威的崇拜和对权威情结的迷恋，让他们被所谓的权威诱导，对所谓的权威总是言听计从，从未产生过哪怕一点儿疑问。名人的头顶带着人们所羡慕的光环；名人走过的路是很多人想走但没有走的；名人拥有的感悟是很多人感觉到但是没有那么深刻的；名人说过的话是很多人一直想总结但没有他们总结得那么透彻的。因此，名人已经成为一个羡慕、崇拜、被人模仿和接纳的榜样。名人的行为语言甚至外在的装饰、声音、眼神都会被潜意识接纳，从而产生很好的催眠效果。

榜样的催眠效果是显而易见的，在人类文明发展的过程中，榜样催眠起到了非常重要的作用。我们所谓的榜样，往往是在某个领域、某个行业达到了一定的造诣或者拥有人类本质中值得推崇的品质。他们的催眠效果，使后人不断传承他们所宣扬的一切美好的东西，并且在传承的过程中，挖掘更深的层次，纠正现有的缺陷，不断扩充新的内容，加上时间的沉积，使得我们的认识水平不断提高。

炒股中的催眠效应

各行各业都存在一种对产业明星的崇拜，金融界也不例外。在炒股中，也存在一种催眠效应。股民们对权威的盲目崇拜也是一种典型的催眠效应。

1. 在全球股市，巴菲特、索罗斯、林奇就是股民心中的权威和偶像。他们的每次发言都被无数股民关注着，甚至成为股民们的行动准则。

2. 在光环和权威因素的影响下，股民失去了正常的判断，毫无理性地去跟随心中的偶像。这是典型的催眠效应。

3. 当巴菲特他们预测某支股票能够上涨时，蜂拥而至的股民就会如他们所愿，把这只股票价格抬到极致。

106. 网络文化：别被电脑催眠了

当今社会是一个信息化社会，随着互联网慢慢进入千家万户，网络文化在全世界范围内都变得越来越流行。上网看新闻、查资料、听歌、看电影、看帖子、写网络日志等都是很多人每天必做的事情。众多网络用户的信息交流和传播，慢慢形成了网络文化。网络文化实际上就是一种信息化时代的集体催眠。

网络日志是一个很好的例证，它是个人在网上的一个独有的空间，人们可以在上面随意地记录自己一天的情感或者发生的事情。在一个半公开化的状态下让不同的陌生人来评判自己的点滴生活，是一种非常新奇的方式。它既可以满足自己的社会认同感，又能在别人的思维中寻找新的、客观的、更多的内容，达到提升自己的效果。

在网络产物中，催眠效果最强大的莫过于火爆的网络游戏了。为什么网络游戏能有这样火爆的场面？它是怎样吸引无数玩家的眼球的呢？网络游戏本质上不过是"程序高手＋美工高手＋心理专家"三者联手制作的一个大型程序，但这三者的组合，完美地创造了催眠玩家所需要的各种刺激和适宜的条件。

除了网络游戏，网络交流也具有强大的催眠作用。就用户的数量而言，网络游戏相较于网络即时通讯的人群而言，简直微不足道。即时通讯工具最早的雏形是电子邮件，此后兴起的论坛、聊天室则是这一工具的进一步衍化升级。而腾讯QQ等网络即时聊天工具的诞生，则标志着更加快捷、方便的网络联系方式的出现。

人们的每一个社会行为，总会受到某种思维模式的控制，而在不同思维模式之下实现的就是自己不同的角色，我们需要不断对这些角色进行确认。但是在生活中，由于客观环境的限制与要求，我们必须遵循某一特定角色的思维模式以及行为模式，而这些模式很可能并不是我们内心真正认同的，由此，压力自然就会产生。脱去现实身份所承载的巨大压力，在QQ上的表现就会是一个与众不同的自我。所以我们经常看到在公司里，一些小职员一边紧张有序地处理手中的工作，一边在电脑上用QQ隐身聊天。

互联网里的催眠效应

当今社会是一个信息化社会，随着互联网慢慢进入千家万户，网络文化在全世界范围内都变得越来越流行。众多网络用户信息的交流和传播，慢慢形成了网络文化。网络文化实际上是一种信息化时代的集体催眠。

1. **网络日志**：它是个人独有的网络空间，可以随意地记录自己一天的情感或事情。在半公开状态下让不同人来评判，是非常新奇的一种交流。它既满足自己的社会认同感，又能在别人的思维中寻找新的、客观的、更多的内容，达到提升自己的效果。

2. **网络游戏**：网络游戏实际上是编写程序的高手、美工高手与心理专家三者联手制作的一系列程序。这三者的组合，完美地创造了催眠玩家所需的各种刺激与条件，使得玩家沉醉其中，无法自拔。

3. **网络聊天**：分别在网络两端的人们可以很便捷地通过文字对话，使交流无时空限制，非常具有吸引力。在这种轻松氛围中，聊天者会感到开心，得到极大的心理满足。

本章你学到了什么？
不妨写下来吧！

记录日期：

附录一 催眠常用名词及解释

名　词	解　释
安慰剂	没有治疗效果，却被告知或认为对自己有好处的物质。
重构	以一种不同的角度看世界。
催眠疗法	催眠被用做部分疗法的心理治疗过程。
单一观念	布莱德用来描述清醒状态和轻度催眠阶段的概念。
动物磁流说	麦斯麦的理论：人体内有着决定健康的磁流。磁流失去平衡就会产生疾病，具有磁性的治疗师可以通过磁流传递治疗疾病。
法庭催眠	催眠在犯罪调查方面的用途，比如用于询问犯罪证人。
非安慰剂	与安慰剂相反，非安慰剂没有生理方面的副作用，但主体却认为对自己有害。
分离	某种想法（情感）从意识中分裂出来独立运行。
观念反应	处于恍惚状态中的主体的肌肉对某个观点或感觉做出自发反应。
后催眠暗示	在恍惚中做出的会影响或改变主体未来行为的暗示。
催眠性恍惚	在催眠中发生的变化了的意识状态。在这种状态中，催眠师可以与受催眠者的潜意识直接对话。
恍惚逻辑	恍惚状态中，潜意识能够接受不可能且不合逻辑的观点。
记忆增强	主体在催眠状态下想起了有关过去的生动而完整的记忆。
恐惧症	对某个事物的病态、非理性的恐惧。
年龄推进	在催眠中推进主体的年龄意识，使他（她）看到自己未来的情景。
嵌入式暗示	在催眠诱导中使用的词语，帮助强调对潜意识的暗示。
亲和感	催眠师与主体及其潜意识保持和睦或步调一致。
情感桥	现在的感觉与第一次激发此感觉的事件间的联系。
催眠深化	使用语言帮助加深主体的催眠程度。
失忆症	记忆的丧失，发生在主体处于深度恍惚的时候。
他人催眠	一人将另一人导入催眠状态，一般直接简称为"催眠"。
台词	对恍惚中的人做出的旨在改善其生活的暗示。

续表

名　词	解　释
前世催眠	受催眠者在恍惚中被带回到假定的前世。
无痛觉	痛觉丧失，但触觉依然存在。
虚假记忆	催眠状态下接受的暗示或产生的想法被错误当作真实记忆。
虚谈现象	虚构"事实"，以填补记忆的空缺。
隐蔽观察者	即使处于深度恍惚，我们的一部分意识也总是可以感知到现实。
催眠诱导	帮助一个人进入催眠性恍惚的过程。
知觉缺失	痛觉和触觉全部丧失。
肢体僵硬	部分或整个身体在催眠性恍惚中不能动弹。
中型催眠	主体已经被导入恍惚，但潜意识还没有被告知任何暗示的状态。
自律神经系统	控制诸如消化、呼吸和心跳等身体无意识功能的系统。
自我催眠	不借助他人，自己将自己催眠。

附录二　催眠历史大事记

年　代	事　件
公元前1200年	古希腊、古罗马的人们修建神庙，病人使用类似催眠的方法向神灵祷告。
公元前1000年	古埃及人修建了神庙，供牧师通过语言和抚摩进行治疗。
公元前500年	有记载称伊庇鲁斯王皮拉斯用大脚趾碰触病人能治愈疾病。
1060年	有记载称英国忏悔王爱德华具有碰触治病的能力。
1100年	法国国王菲利普一世因为双手具有治疗能力而闻名。
约1660年	有记载称英国国王查理二世使用"御触"治疗他的臣民。
约1775年	伽斯纳神父采取了舞台催眠的形式。麦斯麦观看他的表演后认为伽斯纳利用了动物磁流。
1784年	法国科学家对麦斯麦催眠术进行调查，最终认为动物磁流学说纯属子虚乌有，全都是大脑意念在起作用。
	普赛格侯爵发现深度恍惚，并将其命名为梦游。
1814年	葡萄牙牧师法里亚神父创建了暗示和自我暗示理论。
1821年	法国出现了利用磁性进行无痛牙科和外科诊疗的报告。
1837年	法国委员会驳回了麦斯麦术的治疗原理。
1840年	磁性学会在美国新奥尔良成立，旨在研究催眠及其效果。
1843年	布雷德出版催眠著作，并将麦斯麦术命名为"催眠术"，该名得自希腊神话中的睡眠之神海普诺思。
1885年	弗洛伊德在法国神经病学家夏柯特指导下工作，夏柯特在他的巴黎诊所里实施催眠。弗洛伊德成为催眠术的公开拥护者。
1892年	英国医学协会在报告中支持催眠术的医学应用。
1897年	弗洛伊德抛弃催眠术，代之以自由联想。
1914年	第一次世界大战爆发了。由于心理疾病导致了大量瘫痪和健忘病例，以及精神病医师的稀缺，人们对催眠的兴趣再次萌芽。
1955年	英国颁布催眠术法案，允许舞台催眠师从业。

续表

年　代	事　件
1958 年	英国医学学会认可了催眠术治疗一些疾病和减轻疼痛的用途。美国医学学会正式认可了催眠疗法的用途。
1993 年	美国精神病学会认为催眠治疗中恢复的记忆可能是虚假的。
2001 年	哈佛大学研究表明，人们在催眠状态时大脑活动发生了变化。